职业教育"十三五"规划教材

C++项目实践精编

刘 丹 钱亮于 主 编

陆 沂 姜冬洁 陈 珂 副主编

中国铁道出版社
CHINA RAILWAY PUBLISHING HOUSE

内 容 简 介

　　C++是一种高效实用的程序设计语言，既可进行过程化程序设计，也可进行面向对象程序设计，已成为软件开发人员最广泛使用的工具。学好 C++，对于今后学习其他的编程语言，如 Java、VB.NET、C#、Python 也有很大的帮助。

　　本书是作者总结了十年的项目教学实践经验编写而成的，全书共分 8 个单元，其中单元一至单元五是基础实践，主要从 C++程序设计语言的基本语法、程序结构和过程化基础进行项目实践；单元六至单元八，重点从封装、继承、多态来进行面向对象编程的项目实践。

　　本书适合作为职业教育计算机和非计算机专业程序设计的基础实践教材，也可以作为全国青少年信息学奥林匹克联赛（National Olympiad in Informatics in Provinces，NOIP）的训练辅助教材，还可供有一定编程基础的读者自学使用。

图书在版编目（CIP）数据

　　C++项目实践精编/刘丹，钱亮于主编. —北京：中国
铁道出版社，2018.8
　　职业教育"十三五"规划教材
　　ISBN 978-7-113-24820-8

　　Ⅰ.①C… Ⅱ.①刘… ②钱… Ⅲ.①C 语言-程序设计-
职业教育-教材 Ⅳ.①TP312.8

　　中国版本图书馆 CIP 数据核字（2018）第 178222 号

书　　名：C++项目实践精编
作　　者：刘　丹　钱亮于　主编

策　　划：王春霞		读者热线：（010）63550836
责任编辑：王春霞　彭立辉		
封面设计：付　巍		
封面制作：刘　颖		
责任校对：张玉华		
责任印制：郭向伟		

出版发行：中国铁道出版社（100054，北京市西城区右安门西街 8 号）
网　　址：http://www.tdpress.com/51eds/
印　　刷：北京虎彩文化传播有限公司
版　　次：2018 年 8 月第 1 版　　2018 年 8 月第 1 次印刷
开　　本：787 mm×1 092 mm　1/16　印张：17.5　字数：423 千
书　　号：ISBN 978-7-113-24820-8
定　　价：49.00 元

前　言

在 21 世纪的今天，计算机技术以前所未有的速度向前发展，对现有计算机专业的教学模式提出了新的挑战，同时也带来了前所未有的机遇。深化教学改革，寻求行之有效的育人途径，培养高素质的科技人才，已是当务之急。

面向对象程序设计技术是目前最热门、最实用的软件开发手段。它把现实世界的问题抽象为"类"，而要解决的问题是对类所生成的对象的一系列操作，它的出现是程序设计方法学的一场革命。它注意了数据和程序之间不可分割的内在联系，并把它们进行数据抽象，封装成一个统一的整体，使程序员将精力主要集中于要处理的对象的设计和研究上，大幅提高了软件开发的效率。

C++ 是一种混合型的面向对象的程序设计语言。它既具有独特的面向对象的特征，可以为面向对象的技术提供全面支持；又具有对传统 C 语言的向后兼容性，具备结构化程序设计特征。C++ 为学习和掌握 Visual C++、Java 等软件开发工具提供了坚实的理论基础。

本书是作者经过十年的研究和大量的教学实践，对教学经验进行总结之后，精心编写的一本 C++ 项目实践教材。本书针对计算机专业的主干课程，根据教学大纲要求，通过研习各类项目的分析与设计，使读者能通过各种项目的实践，全面、系统地掌握面向过程与面向对象编程的思路和方法，深化对 C++ 概念的理解，提高独立分析与解决问题的能力。全书共分 8 个单元，内容包括 C++ 概述，数据类型、运算符与表达式，控制结构，函数和作用域，数组和指针，类和对象，类的继承性与多态性，输入/输出流。本书的编排特点如下：

- 每个单元开始部分均通过软件公司的实际培训需求来引出本单元的学习目标。
- 每个单元由浅入深地介绍各种项目，项目的数量不等，根据本单元的实际需要来确定。每个项目由三部分构成（项目描述、项目分析、项目实施）。每个项目都给出了程序架构的模板或者相关的步骤及说明，并给出完整的程序代码。
- 每个单元的相关知识与技能部分，补充介绍与本单元相关的知识点与技能点。
- 每个单元的拓展与提高部分，讲解项目未涉及的知识点与技能点。
- 每个单元的实训操作部分，讲解如何根据前面所学知识独立编写项目。
- 每个单元的小结，帮助读者梳理本单元的所有知识点。
- 每个单元的技能巩固分为两部分：基础训练和项目实战。基础训练是应知的概念题，项目实战是应会的技能题。

书中所有程序均在 Visual C++ 6.0 系统和 Visual Studio .NET 2017 系统调试通过。

书中所有实训操作及技能巩固的源代码和 C++项目综合实训可从 www.tdpress.com/5leds/网站下载。

本书由刘丹、钱亮于任主编,陆沂、姜冬洁、陈珂任副主编。本书在编写过程中得到上海智翔科技培训总监任继梅以及中国铁道出版社的编辑,上海商业会计学校陈文珊校长、王洁副校长,科研中心汪正干主任的大力支持和悉心指导,在此向他们表示衷心的感谢。

由于编者水平有限,书中难免存在疏漏和不妥之处,欢迎广大读者批评指正,邮箱地址: peliuz@126.com。

编　者

2018 年 6 月

单元一

→ C++ 概 述

软件公司新招聘了一些程序员，需要他们用 C++来架构项目，但很多程序员只熟知 C 语言，对 C++还比较陌生。公司安排软件开发部的小刘对这些程序员进行培训。要求他们掌握 Visual C++ 6.0 的基本操作、Visual Studio 2017 的基本操作以及 Linux 系统上 C++程序的调试，并学会用不同的 C++程序架构模板来实现同一算法。小刘表示尽快完成领导布置的任务。

学习目标：

- 了解 Visual C++ 6.0 的基本操作。
- 了解 Visual Studio 2017 的基本操作。
- 了解 Linux 操作系统上 C++程序的调试。
- 掌握用不同的 C++程序架构模板来实现同一算法。

C++概述

项目一　Visual C++ 6.0 的基本操作

项目描述

软件公司新招聘的程序员对 C 语言非常熟悉，但对 C++的基本语法及程序架构方法不是很清楚。另外，软件公司的开发平台是 Windows 操作系统上的 Visual C++ 6.0。要求这些程序员学习在这种平台上用不同 C++程序架构模板来实现同一算法。软件公司要求开发部的小刘负责此项工作。

项目分析

小刘接到项目后，设计了 3 种不同的 C++程序架构模板，从不同的角度来训练程序员。考虑到是熟悉程序架构，所以选择了比较简单的算法（计算圆面积）。

项目实施

1. Visual C++ 6.0 的基本操作

（1）启动 Visual C++ 6.0。选择"开始"→"运行"命令，在"打开"文本框中输入 msdev 命令（见图 1-1），按【Enter】键，启动 Visual C++ 6.0。

图 1-1　"运行"对话框

（2）新建 Visual C++ 6.0 源文件：

- 选择"工程"选项卡，选择 Win32 Console Application 选项（见图1-2），新建 Visual C++ 6.0 工程。

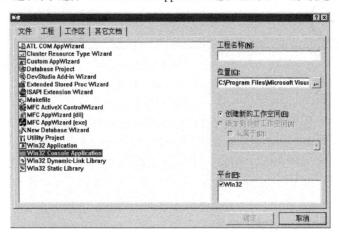

图1-2　"工程"选项卡

- 单击"文件"选项卡，选择 C++ Source File 选项，选择存盘位置为 C:\SHARE，文件名设为 chap01_lx01_CircleArea.cpp，单击"确定"按钮，新建 Visual C++ 6.0 源文件，如图1-3 所示。

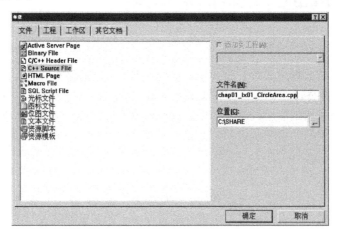

图1-3　"新建"对话框

2. 用模板1实现圆面积的计算（使用常量）

（1）为程序员演示如下的 Visual C++ 6.0 程序架构模板1：

```
//chap01_lx00_Model_11.txt
//1.包含输入/输出流头文件
#include "iostream.h"
//2.书写整个程序的入口：主函数
void main()    //void 无返回值
{
    //2.1  声明变量及常量
    //2.2  初始化变量
    //2.3  书写算法
    //2.4  书写输出代码
```

```
}
```

（2）要求程序员按照以上的程序架构及注释来编辑以下源代码：

```cpp
//模板1: 求圆面积
//1.包含输入/输出流头文件
#include "iostream.h"
//2.书写整个程序的入口: 主函数
void main()
{
    //2.1  声明变量及常量
    const double PI=3.14;
    double s;
    double r;
    //2.2  初始化变量
    s=0.0;
    r=1.0;
    //2.3  书写算法
    s=PI*r*r;
    //2.4  书写输出代码
    cout<<"s="<<s<<"\n";
}
```

（3）编译并执行（按【Ctrl+F7】组合键编译生成目标文件.obj，按【F7】键连接.obj变为.exe，按【Ctrl+F5】组合键执行.exe）。

注意：.dsp为C++工程名，.cpp为源文件名，.obj为目标文件。.exe为可执行文件。

（4）单击"是"按钮，如图1-4所示。

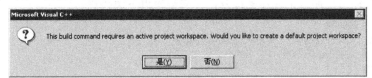

图1-4   询问是否创建默认工作空间对话框

（5）屏幕显示如下：0个错误，0个警告（表示调试成功）。

```
chap01_lx01_CircleArea.obj-0 error(s), 0 warning(s)
```

（6）在DOS控制台按照以下命令运行.exe文件，如图1-5所示。

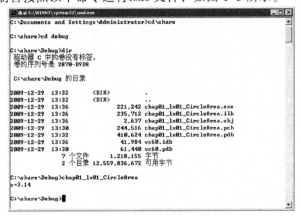

图1-5   DOS控制台窗口

（7）在 Visual Studio 中直接按【Ctrl+F5】组合键，运行结果如图 1-6 所示。

图 1-6　调试运行窗口

根据以上操作，可以清楚地知道 C++的开发流程可以分为：编辑、编译（.obj）、连接（.exe）、运行（.exe）4 步。

3. 用模板 2 实现圆面积的计算（使用预处理）

（1）为程序员演示如下的 Visual C++ 6.0 程序架构模板 2：

```
//chap01_lx00_Model_12.txt
//1.包含输入/输出流头文件及预处理
#include "iostream.h"
//2.书写整个程序的入口：主函数
int main()    //int 表示返回值为整型
{
    //2.1.  声明变量及常量
    //2.2.  初始化变量
    //2.3.  书写算法
    //2.4.  书写输出代码
    return 0;  //0 表示没有返回值
}
```

（2）要求程序员按照以上程序架构及注释来编辑以下源代码：

```
//模板2: 求圆面积
//1.包含输入/输出流头文件及用预处理定义常量
#include "iostream.h"
#define PI 3.14
//2.书写整个程序的入口：主函数
int main()
{
    //2.1  声明变量
    double s,r;
    //2.2  初始化变量
    r=1.0;
    //2.3  书写算法
    s=PI*r*r;
    //2.4  书写输出代码
    cout<<"s="<<s<<"\n";
    return 0;
}
```

4. 用模板 3 实现圆面积的计算（使用键盘输入和算术函数）

math.h 头文件中包含如下常用函数：pow(m,n) 求 m 的 n 次方，abs()求绝对值，sqrt()求平方根。

（1）为程序员演示如下 Visual C++ 6.0 程序架构模板 3：

```
//chap01_lx00_Model1_13.txt
//1.包含输入/输出流头文件
#include "iostream.h"
//2.包含数学函数头文件
```

```
#include "math.h"
//3.书写整个程序的入口: 主函数
int main()
{
    //3.1  声明变量和常量
    //3.2  初始化变量
    cout<<"请输入:";
    cin>>;
    //3.3  书写算法
    //2.4  书写输出代码
}
```

（2）要求程序员按照以上程序架构及注释来编辑以下源代码：

```
//模板3: 求圆面积
//1.包含输入/输出流头文件
#include "iostream.h"
//2.包含数学函数头文件
#include "math.h"
//3.书写整个程序的入口: 主函数
int main()
{
    //3.1  声明变量和常量
    double s,r;
    const double PI=3.14;
    //3.2  初始化变量
    cout<<"请输入圆的半径:";
    cin>>r;
    //3.3  书写算法
    s=PI*pow(r,2);//pow(r,2)表示 r 的二次方
    //2.4、书写输出代码
    cout<<"半径为: "<<r<<"的圆面积是: "<<s<<endl;
    return 0;
}
```

（3）程序运行结果如图 1-7 所示。

图 1-7 "调试运行"窗口

项目二 在 Visual Studio 2017 中调试 C++程序

项目描述

软件公司新招聘的程序员对 C 语言非常熟悉，但对 C++的基本语法及程序架构方法不是很清楚。另外，软件公司的开发平台是 Windows 操作系统上的 Visual Studio 2017。要求这些程序员学习在这种平台上用不同 C++程序架构模板来实现同一算法。软件公司要求开发部的小刘负责此项工作。

小刘接到项目后，设计了 5 种不同的 C++ 程序架构模板，从不同的角度来训练程序员。考虑到是熟悉程序架构，所以选择了比较简单的算法（计算圆面积）。

1. Visual Studio 2017 基本操作

（1）启动 Visual Studio 2017：

- 选择"开始"→"运行"命令，在"打开"文本框中输入 devenv 命令（见图 1-8），按【Enter】键，启动 Visual Studio 2017。
- Visual Studio 2017 的主界面如图 1-9 所示。

图 1-8　"运行"对话框

图 1-9　Visual Studio 2017 的主界面

（2）新建 Visual Studio 2017 项目：

- 选择"文件"→"新建"→"项目"命令，或者按【Ctrl+Shift+N】组合键，如图 1-10 所示。

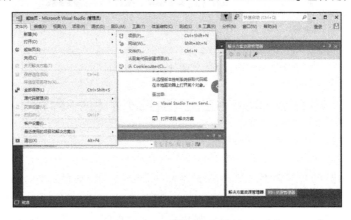

图 1-10　"新建项目"菜单项

- 在"解决方案名称"文本框中输入"chap01_C++概述练习"，在"位置"文本框中输入 c:\share，在"名称"文本框中输入：chap01_lx1_CircleArea，如图 1-11 所示。

图 1-11　新建 Windows 控制台应用程序项目对话框

• 单击"确定"按钮创建项目，如图 1-12 所示。

图 1-12　正在创建项目对话框

• 编辑源文件后按【Ctrl+F5】组合键运行（开始执行，不调试），或按【F5】键（直接启动调试）键，调试窗口如图 1-13 所示。

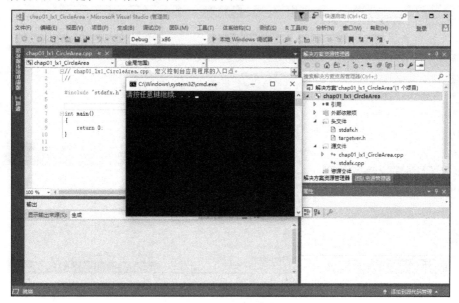

图 1-13　运行调试窗口

（3）通过添加菜单新建 Visual Studio 2017 项目：

• 选择"文件"→"添加"→"新建项目"命令，如图 1-14 所示。

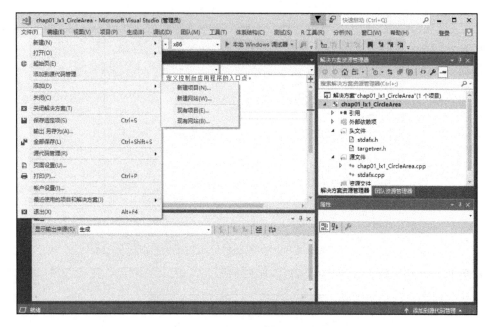

图 1-14　选择"新建项目"命令

- 如果已添加新建一个项目，可直接右击"解决方案"，选择"添加"→"新建项目"命令，如图 1-15 所示。

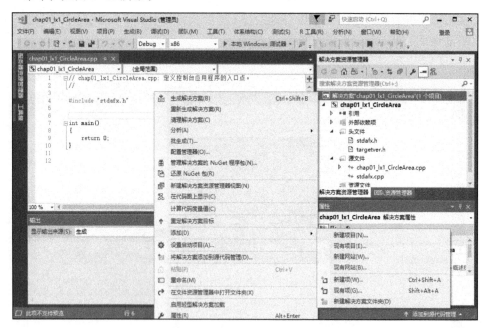

图 1-15　通过右键菜单添加新建项目

2. 用模板 1 实现圆面积的计算（使用常量）

（1）为程序员演示如下 Visual Studio 2017 程序架构模板 1：

```
//chap01_1x00_Model_21.txt：定义控制台应用程序的入口点
//模板1:
```

```
//1. 包含输入/输出流头文件
#include "stdafx.h"     //系统生成的头文件
#include "iostream"     //自己添加输入/输出流头文件（扩展名不能写）
using namespace std;    //自己添加标准输入/输出库
//2. 书写整个程序的入口：主函数
void main()
{
    //2.1  声明变量及常量
    //2.2  初始化变量
    //2.3  书写算法
    //2.4  书写输出代码
}
```

（2）要求程序员按照以上程序架构及注释来编辑以下源代码：

```
//chap01_1x1_CircleArea1.cpp：定义控制台应用程序的入口点
//模板1：求圆面积
//1.  包含输入/输出流头文件
#include "stdafx.h"     //系统生成的头文件
#include "iostream"     //自己添加输入/输出流头文件（扩展名不能写）
using namespace std;    //自己添加标准输入/输出库
//2.  书写整个程序的入口：主函数
void main()
{
    //2.1  声明变量及常量
    const double PI=3.14;
    double s;
    double r;
    //2.2  初始化变量
    s=0.0;
    r=1.0;
    //2.3  书写算法
    s=PI*r*r;
    //2.4  书写输出代码
    cout<<"s="<<s<<"\n";
}
```

3. 用模板 2 实现圆面积的计算（使用预处理）

（1）为程序员演示如下 Visual Studio 2017 程序架构模板 2：

```
//chap01_1x00_Model_22.txt：定义控制台应用程序的入口点
//模板2：
//1  包含输入/输出流头文件
#include "stdafx.h"     //系统生成的头文件
#include "iostream"     //自己添加输入/输出流头文件（扩展名不能写）
using namespace std;    //自己添加标准输入/输出库
#define PI 3.14         //预先定义常量圆周率
//2.书写整个程序的入口：主函数
int main()
{
    //2.1  声明变量
    //2.2  初始化变量
    //2.3  书写算法
    //2.4  书写输出代码
}
```

（2）要求程序员按照以上程序架构及注释来编辑以下源代码：

以下为用模板2求圆面积：

```cpp
//chap01_lx1_CircleArea2.cpp：定义控制台应用程序的入口点
//模板2：求圆面积
//1. 包含输入/输出流头文件
#include "stdafx.h"      //系统生成的头文件
#include "iostream"      //自己添加输入/输出流头文件（扩展名不能写）
using namespace std;     //自己添加标准输入/输出库
#define PI 3.14          //预先定义常量圆周率
//2.书写整个程序的入口：主函数
int main()
{
    //2.1  声明变量
    double s;
    double r;
    //2.2  初始化变量
    s=0.0;
    r=1.0;
    //2.3  书写算法
    s=PI*r*r;
    //2.4  书写输出代码
    cout<<"s="<<s<<"\n";
}
```

4. 用模板3实现圆面积的计算（使用系统函数）

（1）为程序员演示如下 Visual Studio 2017 程序架构模板3：

```cpp
//chap01_lx00_Model_23.txt：定义控制台应用程序的入口点
//模板3：
//1.包含输入/输出流头文件
#include "stdafx.h"      //系统生成的头文件
#include "iostream"      //自己添加输入/输出流头文件（扩展名不能写）
using namespace std;     //自己添加标准输入/输出库
//2.包含数学函数头文件
#include "math.h"
//3.书写整个程序的入口：主函数
int main()
{
    //3.1  声明变量和常量
    //3.2  初始化变量
    cout<<"请输入:";
    cin>>;
    //3.3  书写算法
    //2.4  书写输出代码
}
```

（2）要求程序员按照以上程序架构及注释来编辑以下源代码：

```cpp
//chap01_lx1_CircleArea3.cpp：定义控制台应用程序的入口点
//模板3：求圆面积
//1.包含输入/输出流头文件
#include "stdafx.h"      //系统生成的头文件
#include "iostream"      //自己添加输入/输出流头文件（扩展名不能写）
using namespace std;     //自己添加标准输入/输出库
//2.包含数学函数头文件
#include "math.h"
//3.书写整个程序的入口：主函数
```

```
int main()
{
    //3.1  声明变量和常量
    const double PI=3.14;
    double s;
    double r;
    //3.2  初始化变量
    cout<<"请输入半径:";
    cin>>r;
    //3.3  书写算法
    s=PI*pow(r,2);
    //3.4  书写输出代码
    cout<<"半径为:"<<r<<"的圆面积是:"<<s<<endl;
}
```

5. 用模板 4 实现圆面积的计算（使用函数）

（1）为程序员演示如下 Visual Studio 2017 程序架构模板 4：

```
//chap01_lx00_Model_24.txt：定义控制台应用程序的入口点
//模板 4:
//1.  包含输入/输出流头文件和算术函数头文件
#include "stdafx.h"       //系统生成的头文件
#include "iostream"       //自己添加输入/输出流头文件（扩展名不能写）
using namespace std;      //自己添加标准输入/输出库
#include "math.h"         //书写系统数学函数头文件
//2.  声明全局变量（整个程序均可见）
//3.  分别定义输入、处理、输出函数
    //3.1  输入函数
    void input()
    {
    }

    //3.2  处理函数
    void calc()
    {

    }

    //3.3  输出函数
    void output()
    {

    }
//4.书写整个程序的入口: 主函数
int main()
{
    //4.1  调用输入函数
    input();
    //4.2  调用处理函数
    calc();
    //4.3  调用输出函数
    output();
    return 0;        //表示主函数无返回值
}
```

（2）要求程序员按照以上程序架构及注释来编辑以下源代码：

```
//chap01_lx04_CircleArea4.cpp：定义控制台应用程序的入口点
```

```
//模板 4: 求圆面积
//1.包含输入/输出流头文件和算术函数头文件
#include "stdafx.h"        //系统生成的头文件
#include "iostream"        //自己添加输入/输出流头文件（扩展名不能写）
using namespace std;       //自己添加标准输入/输出库
#include "math.h"          //书写系统数学函数头文件
//2.声明全局变量（整个程序均可见）
    const double PI=3.14;
    double s;
    double r;
//3.分别定义输入、处理、输出函数
    //3.1.  输入函数
    void input()
    {
        cout<<"请输入半径:";
        cin>>r;
    }
    //3.2.  处理函数
    void calc()
    {
        s=PI*pow(r,2);
    }
    //3.3.  输出函数
    void output()
    {
        cout<<"半径为:" <<r<< "的圆面积是:"<<s<<endl;
    }

//4.书写整个程序的入口: 主函数
int main()
{
    //4.1.  调用输入函数
    input();
    //4.2.  调用处理函数
    calc();
    //4.3.  调用输出函数
    output();
    return 0;         //表示主函数无返回值
}
```

6. 用模板 5 实现圆面积的计算（使用类和对象）

（1）为程序员演示如下 Visual Studio 2017 程序架构模板 5:

```
// chap01_lx00_Model_25.txt : 定义控制台应用程序的入口点
//1.包含输入/输出流头文件和算术函数头文件
#include "stdafx.h"        //系统生成的头文件
#include "iostream"        //自己添加输入/输出流头文件（扩展名不能写）
using namespace std;       //自己添加标准输入/输出库
#include "math.h"          //书写系统数学函数头文件
#define PI 3.14            //定义常量

//2.定义一个类，封装属性和方法
class Sample
{
    //2.1  声明私有的属性（类内可见）（用公有的属性访问私有的方法）
```

```
private:
  //2.2. 分别定义公有的输入、处理、输出函数（所有可见）
  public:
    void input()
    {
    }
    void calc()
    {
    }
    void output()
    {
    }
};

//3 书写整个程序的入口：主函数
int main()
{
    //3.1 为类新建对象
    Sample obj;

    //3.2 用对象调用输入函数
    obj.input();

    //3.3 用对象调用处理函数
    obj.calc();

    //3.4 用对象调用输出函数
    obj.output();
    return 0;       //表示主函数无返回值
}
```

（2）要求程序员按照以上程序架构及注释来编辑以下源代码：

```
// chap01_lx05_CircleArea5.cpp : 定义控制台应用程序的入口点
//模板5：求圆面积
//1. 包含输入/输出流头文件和算术函数头文件
#include "stdafx.h"      //系统生成的头文件
#include "iostream"      //自己添加输入/输出流头文件（扩展名不能写）
using namespace std;     //自己添加标准输入/输出库
#include "math.h"        //书写系统数学函数头文件
#define PI 3.14          //定义常量
//2. 定义一个类，封装属性和方法
class Circle
{//2.1 声明私有的属性（类内可见）（用公有的属性访问私有的方法）
private:
  double s;
  double r;
  //2.2 分别定义公有的输入、处理、输出函数（所有可见）
public:
  //2.2.1 输入函数
  void input()
  {
    cout<<"请输入半径:";
    cin>>r;
  }
  //2.2.2 处理函数
```

```
    void calc()
    {
        s=PI*pow(r,2);
    }
    //2.2.3.输出函数
    void output()
    {
        cout<<"半径为:"<<r<<"的圆面积是:"<<s<<endl;
    }
};
//3. 书写整个程序的入口：主函数
int main()
    {//3.1. 为类新建对象
    Circle obj;
    //3.2. 用对象调用输入函数
    obj.input();
    //3.3. 用对象调用处理函数
    obj.calc();
    //3.4. 用对象调用输出函数
    obj.output();
    return 0;          //表示主函数无返回值
}
```

项目三 Linux 操作系统上的 C++程序调试

项目描述

软件公司新招聘的程序员对在 Windows 平台上调试 C++语言非常熟悉，但对在 Linux 操作系统上调试 C++程序不是很清楚。这些程序员要求学习在 Linux 平台上来调试 C++程序。软件公司要求开发部的小刘负责此项工作。

项目分析

小刘接到项目后，设计了一个多线程 C++程序，在 Linux 平台上进行调试。考虑到是熟悉程序架构，所以选择了比较简单的算法。

项目实施

1. 了解 GNU 工具集

（1）编译工具：把一个源程序编译为一个可执行程序。

（2）调试工具：能对执行程序进行源码或汇编调试。

（3）软件工程工具：用于协助多人开发或大型软件项目的管理，如 make、CVS、Subvision。

（4）其他工具：用于把多个目标文件连接成可执行文件的连接器，或用作格式转换工具。

2. 了解 GCC

（1）GCC 全称为 GNU CC，是 GNU 项目中符合 ANSI C 标准的编译系统。

（2）编译如 C、C++、Object C、Java、Fortran、Pascal、Modula-3 和 Ada 等多种语言。

（3）GCC 是可以为多种硬体平台上编译出可执行程序的超级编译器，其执行效率与一般的编译器相比，平均效率要高 20%~30%。

（4）一个交叉平台编译器，适合在嵌入式领域进行开发编译。

3. GCC 所支持的扩展名解释

（1）.c：C 原始程序。

（2）.C/.cc/.cxx：C++原始程序。

（3）.m：Objective-C 原始程序。

（4）.i：已经过预处理的 C 原始程序。

（5）.ii：已经过预处理的 C++原始程序。

（6）.s/.S：汇编语言原始程序。

（7）.h：预处理文件（头文件）。

（8）.o：目标文件。

（9）.a/.so：编译后的库文件。

4. GCC 的执行过程

（1）调用 cpp 文件进行预处理，对源代码文件中的文件包含（include）、预编译语句（如宏定义 define 等）进行分析。

（2）调用 cc1 进行编译，生成以.o 为扩展名的目标文件。

（3）调用 as 进行汇编，汇编语言文件经过预编译和汇编之后都生成以.o 为扩展名的目标文件。

（4）调用 ld 进行连接，所有的目标文件被安排在可执行程序中的恰当位置。同时，该程序所调用到的库函数也从各自所在的档案库中连接到合适的地方。

例如：

```
//test.cc
#include<iostream.h>
int main(void)
{
  int i,j;
  j=0;
  i=j+1;
  cout<<"hello,world! "<<endl;
  cout<<"the result is"<<i<< endl;
}
```

（5）编译：$ gcc –o test test.cc。

（6）执行：$ ./test。

（7）查看更详细的信息：$ gcc –v –o test test. cc。

5. 编写一个简单的多线程程序

（1）Linux 系统下的多线程遵循 POSIX 线程接口，称为 pthread。

（2）编写 Linux 下的多线程程序，需要使用头文件 pthread.h，Linux 下 pthread 的实现是通过系统调用 clone()来实现的。clone()是 Linux 所特有的系统调用，它的使用方式类似 fork()。

（3）连接时需要使用库 libpthread.a。

（4）编辑源代码的命令如下：

```
linux@farsight:~/peter$ gedit  example.cc
```

（5）源代码示例如下：（文件名 example.cc）

```
/* example.cc*/
```

```
#include <iostream.h>        //标准输入/输出库
#include <stdlib.h>          //标准库函数
#include <pthread.h>         //线程库
//直接定义自定义函数
void thread(void)
{
    int i;
    for(i=0;i<3;i++)
    {
        cout<<"This is a pthread."<<endl;
    }
}
//在主函数中创建线程，调用自定义函数
int main(void)
{   //pthread_t是一个线程的标识符
    //在头文件/usr/include/bits/pthreadtypes.h 中定义
    //typedef unsigned long int pthread_t;
    pthread_t id;
    int i;
    int ret;
    ret=pthread_create(&id,NULL,(void *) thread,NULL);
    if(ret!=0)
    {
        cout<<"Create pthread error!" <<endl;
        exit (-1);
    }
    for(i=0;i<3;i++)
    {
        cout<<"This is the main process." <<endl;
    }
    pthread_join(id,NULL);
    return 0;
}
```

（6）编译此程序的命令如下：

```
linux@farsight:~/peter$ gcc -o example example.cc -lpthread D_REENTRANT
```

注意：-lpthread 是连接 pthread 库，而-D_REENTRANT 是生成可重入代码。

（7）运行 example，得到如下结果：

```
linux@farsight:~/peter$  ./example
This is a pthread
This is a pthread
This is a pthread
This is the main process.
This is the main process.
This is the main process.
linux@farsight:~/peter$
```

（8）再次运行，可能得到如下结果：

```
This is a pthread.
This is the main process.
This is a pthread.
This is the main process.
This is a pthread.
```

```
This is the main process.
```

注意：前后两次结果不一样，这是两个线程争夺 CPU 资源的结果。

相关知识与技能

一、声明变量与常量

（1）声明的变量是未知的，而常量是已知的。

（2）声明的头文件应放在整个程序的最上方。

（3）声明常量（#define 声明，无分号结束）放在程序上方，头文件下方，如下所示：

```
#define  PI  3.14
```

（4）初始化所有局部变量（一定要在变量声明后）。

（5）一次可以声明多个变量（只能是同一类型）。

```
double a;
double b;
double c;
```

将以上 3 行代码变为以下一行代码：

```
double a,b,c;
```

二、程序设计的流程

（1）程序设计的流程为：输入、处理、输出。

（2）设计整个程序的入口，为 main()，两种不同的写法如下：

```
void main(){ }      或      int main() { return 0;}
```

三、输入流与输出流对象

（1）无论有无输入都有输出。

（2）输出、输入都有特定的运算符号："<<"表示输出，">>"表示输入。

（3）cout 不是函数，是对象（表示输出）（而在 C 语言中 printf() 是输出函数）。

（4）cin 是输入对象（而在 C 语言中 scanf() 是输入函数）。

（5）用 cin 来灵活输入数据：

```
cout<<"Please input a:";
cin>>a
cout<<"Please input b:";
cin>>b
cout<<"Please input c:";
cin>>c
```

或

```
cout<<"Please input a b c:";
cin>>a>>b>>c;          //输入时中间用空格来分隔
```

或

```
a=3;
b=4;
c=5;
```

（6）可在"<<"或">>"左右添加空格，使代码更清晰。

（7）"\n"（转义字符）或 endl（对象）都表示换行。

四、编写程序的注意事项

（1）只有同类型数据才能互相运算。

（2）数学符号在 C++中应用指定的符号代替（*乘法、!=不等于、==等于）。

（3）{   }表示（一组代码）用来代码分组（块 block）。

（4）每条语句结束用（；）类定义结束用(；)，结构体和共用体结束用（；）。

（5）不同的头文件包含不同的方法：

```
#include "iostream"        //包含: istream  ostream
using namespace std;       //包含: cin  cout  endl(换行)
#include "math.h"          //包含: abs()  sqrt()  pow(m,n)
#include "string.h"        //包含: strcpy()  strcat()  strlen()
strlwr()   strupr()
#include "stdlib.h"        //包含: exit(0)正常退出应用程序
```

（6）文件名：chap01_lx01_cinclearea.cpp（主程序）、Circle.h、（辅助程序）。

（7）C++程序的调试过程：编辑（.cpp）→编译（.obj）→连接（.exe）→运行（.exe）。

（8）C++中区分大小写，如下所示：

- CircleArea：类名（每个单词的首字母大写）。

- myRadius：数据成员（变量名），第一个单词首字母小写，后续的单词首字母大写。

- myCalc()：成员函数 (函数名)，第一个单词首字母小写，后续的单词首字母大写。

- PI：常量(全部大写)。

五、嵌入式 Linux 系统的基本组成和开发流程图

嵌入式 Linux 系统的基本组成和开发流程如图 1-16 所示。

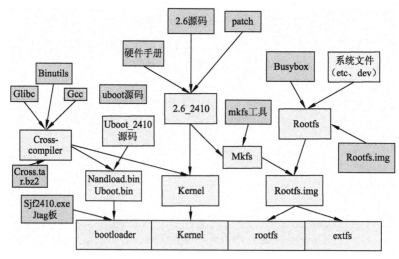

（注：图中的 2.6 指的是 Linux 2.6 内核）

图 1-16　嵌入式 Linux 系统的基本组成和开发流程图

六、各类常用调试中的错误汇总

（1）'void' function returning a value：其中 void 是表示无返回，不能用 return 来返回值。

（2）unknown character：表示未知字符（在 C++中只支持半角符号，不支持全角符号）。

（3）syntax error : missing ';'：表示语法错误，少写分号。

（4）undeclared identifier：出现未声明的标识符，单词拼写错误，或未区分大小写。

（5）unexpected end of file found：文件没有结束，少花括号。

拓展与提高

Linux 中 GCC 的错误类型及对策

1. 第一类：C++语法错误

（1）错误信息：文件 source.cc 中第 n 行有语法错误（syntex errror）。

（2）有些情况下，一个很简单的语法错误，gcc 会给出一大堆错误，程序员要保持清醒的头脑。

（3）必要的时再参考一下 C 语言的基本教材。

2. 第二类：头文件错误

（1）错误信息：找不到头文件 head.h（Can not find include file head.h）。

（2）这类错误是源代码文件中的包含头文件有问题。

（3）可能的原因有头文件名错误、指定的头文件所在目录名错误等。

（4）也可能是错误地使用了双引号和尖括号。

3. 第三类：档案库错误

（1）错误信息：连接程序找不到所需的函数库（ld: –lm: No such file or directory）。

（2）这类错误是与目标文件相连接的函数库有错误。

（3）可能的原因是函数库名错误、指定的函数库所在目录名称错误等。

（4）检查的方法是使用 find 命令在可能的目录中寻找相应的函数库名，确定档案库及目录的名称并修改程序中及编译选项中的名称。

4. 第四类：未定义符号

（1）错误信息：有未定义的符号（Undefined symbol）。

（2）这类错误是在连接过程中出现的。

（3）可能有两种原因：一是使用者自己定义的函数或者全局变量所在源代码文件，没有被编译、连接，或者干脆还没有定义，这需要使用者根据实际情况修改源程序，给出全局变量或者函数的定义体；二是未定义的符号是一个标准的库函数，在源程序中使用了该库函数，而连接过程中还没有给定相应的函数库的名称，或者是该档案库的目录名称有问题，这时需要使用档案库维护命令 ar 检查需要的库函数到底位于哪一个函数库中，确定之后，修改 gcc 连接选项中的–l 和–L 项。

实训操作

一、实训目的

本实训是为了完成对"单元一　C++概述"的能力整合而制定的。根据顺序结构和选择结构程序设计的概念，培养独立完成编写顺序结构的能力。

二、实训内容

要求完成如下程序设计题目：

1. 实现摄氏温度与华氏温度互换

提示：华氏温度=摄氏温度×1.8+32，摄氏温度=(华氏温度−32)/1.8，运行结果如图 1−17 所示。

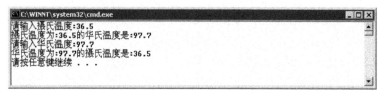

图 1−17　摄氏温度与华氏温度互换的输入与输出界面

2. 用(底*高)/2 求三角形面积

运行结果如图 1−18 所示。

图 1−18　用(底*高)/2 求三角形面积的输入与输出界面

3. 用海伦公式(s*(s−a)*(s−b)*(s−c))求三角形面积(其中 s=(a+b+c)/2)

运行结果如图 1−19 所示。

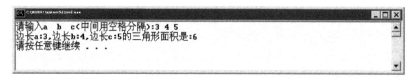

图 1−19　用海伦公式求三角形面积的输入与输出界面

三、实训要求

根据所学的知识，综合单元一的内容，编写程序并调试。

（1）编写出解决上述问题的程序。

（2）根据程序运行的结果分析程序的正确性。

四、程序代码

（略，要求学生独立完成）

小　结

本单元首先介绍了 Visual C++ 6.0 的基本操作，然后重点讲解了在 Visual Studio2017 中调试 C++程序。由于很多人并不熟悉 Linux 操作系统上的 C++程序调试，因此除了介绍此方面的知识，还讲解了嵌入式 Linux 系统的基本组成和开发流程图并汇总了各类常用调试中的错误及 Linux 中 GCC 的错误类型和对策。

C++编程的模板有很多，通过对一道题目多种不同模板的编写来教会学生举一反三，建议学习时以自我上机实训为主。

技能巩固

一、基础训练

1. 下面关于面向对象的描述正确的是（　　　）。

    A. 面向对象是一种编程思想

    B. 面向对象就是使用对象来模拟现实中的事物

    C. 面向对象将描述事物的数据和操作这些事物的操作封装在一起，构成对象

    D. 使用面向对象编程比面向结构编程更能提高程序员的工作效率

2. 关于 C++语言和 C 语言的关系的下列描述中，错误的是（　　　）。

    A. C 语言是 C++语言的一个子集

    B. C 语言和 C++语言都是面向对象的语言

    C. C++语言与 C 语言兼容

    D. C++语言对 C 语言做了些改进

3. 下面描述正确的是（　　　）。

    A. C++是一种面向结构化程序设计的语言

    B. C++是一种面向对象的程序设计语言

    C. C++是一种通用的程序设计语言

    D. C 语言是一种面向对象的程序设计语言

4. 组成 C++语言程序的是（　　　）。

    A. 子程序　　　　　B. 过程　　　　　C. 函数　　　　　D. 主程序和子程序

5. 一个 C++程序的执行是从（　　　）。

    A. 本程序文件的 main()函数开始，到 main()函数结束

    B. 本程序文件的第一个函数开始，到本程序文件的最后一个函数结束

    C. 本程序文件的 main()函数开始，到本程序文件的最后一个函数结束

    D. 本程序文件的一个函数开始，到本程序文件的 main()函数结束

6. C++语言规定：在一个源程序中，main()函数的位置（　　　）。

    A. 必须在最开始　　　　　　　　　　　B. 必须在系统调用的库函数的后面

C. 可以任意　　　　　　　　　　D. 必须在最后

7. C++中 cin 是（　　　）。

　　A. 一个标准的语句　　　　　　　　B. 预定义的类

　　C. 预定义的函数　　　　　　　　　D. 预定义的对象

8. 将 C++源程序进行（　　　）可得到目标文件。

　　A. 编辑　　　　　B. 编译　　　　　C. 连接　　　　　D. 拼接

9. 将目标文件进行（　　　）可得到可执行文件。

　　A. 编辑　　　　　B. 编译　　　　　C. 连接　　　　　D. 拼接

10. 面向对象中，继承机制的作用是（　　　）。

　　A. 信息隐藏　　　　B. 数据封装　　　　C. 定义新类　　　　D. 数据抽象

11. 以下叙述不正确的是（　　　）。

　　A. 一个 C++源程序可由一个或多个函数组成

　　B. 一个 C++源程序必须包含一个 main()函数

　　C. C++程序的基本组成单位是函数

　　D. 在 C++程序中，注释说明只能位于一条语句的后面

12. 下面关于 C++语言描述正确的是（　　　）。

　　A. C++语言是一个面向对象的程序设计语言

　　B. C++语言比 C 语言更能够提高程序员的工作效率

　　C. C++编写的应用程序，从 main()函数开始执行

　　D. C++和 C 的本质区别是：C++提供了类和对象等语言特征，支持面向对象编程

13. 系统约定 C++源程序文件名的默认扩展名为（　　　）。

　　A. .cpp　　　　　B. .c++　　　　　C. .bcc　　　　　D. .vcc

14. 下面各种语言中，面向对象程序设计语言是（　　　）。

　　A. Pascal　　　　B. C　　　　　　C. C++　　　　　D. BASIC

15. 下面各种语言中，不是面向对象程序设计语言的是（　　　）。

　　A. Java　　　　　B. Smalltalk　　　C. C++　　　　　D. C

16. 以下叙述正确的是（　　　）。

　　A. 在 C++程序中，main()函数必须位于程序的最前面

　　B. C++程序的每行中只能写一条语句

　　C. C++语言本身没有输入/输出语句

　　D. 在对一个 C++程序进行编译的过程中，可发现注释中的拼写错误

17. 下面关于 C++语言描述不正确的是（　　　）。

　　A. C++语言是一种通用编程语言

　　B. C 语言是 C++语言的一个子集

　　C. C++语言源程序由多个函数构成

　　D. C++编写的应用程序，从第一个函数开始执行

18. 目标文件的扩展名为（　　　）。

　　A. .cpp　　　　　B. .h　　　　　　C. .obj　　　　　D. .exe

19. 下列关于机器语言与高级语言的说法中，正确的是（　　　）。

A. 机器语言比高级语言执行得慢

B. 机器语言程序比高级语言程序可移植性强

C. 机器语言程序比高级语言程序可移植性差

D. 有了高级语言，机器语言就无存在的必要

20. C++源程序文件的扩展名是（　　　）。

A. cpp B. c C. dll D. exe

二、项目实战

1. 项目描述

本项目是为了完成对单元一中的架构程序的能力整合而制定的。根据结构化设计程序的方法，培养独立完成编写结构化程序及面向对象程序的初步能力。

内容：完成如下程序设计题目。

（1）编写一个程序实现输入公里数，输出显示其英里数（要求用 4 种不同的方法实现）。

提示：1 英里 = 1.609 34 公里（用符号常量）。可用 OPP 顺序结构实现；可用 OPP 结构化程序方法（主函数调用子函数）；可用 OOP 类和对象（单文件）；可用 OOP 类和对象（多文件）实现。

要求运行结果如图 1-20 所示。

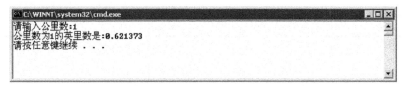

图 1-20 公里转换为英里的输入/输出界面

（2）设计一个类，封装求三角形面积的算法。

提示：将算法写成函数放入类中，为类新建对象，用对象调用类中的成员函数实现三角形面积的计算。

要求运行结果如图 1-21 或图 1-22 所示。

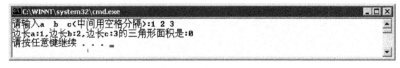

图 1-21 求三角形面积的输入/输出界面（一）

图 1-22 求三角形面积的输入/输出界面（二）

2. 项目要求

根据所学的知识，综合单元一的内容，编写程序并调试。

（1）编写出解决上述问题的程序。

（2）根据程序运行结果分析程序的正确性。

3. 项目评价

项目实训评价表

一		内　容	评　价		
一	学 习 目 标	评 价 项 目	3	2	1
职业能力	了解程序设计的顺序结构	知道简单的顺序结构			
		知道顺序结构的多种写法			
	能掌握数据的基本输入/输出函数	能灵活使用 cout 对象输出各类数据			
		能灵活使用 cin 对象输入各类数据			
通用能力	阅读能力				
	设计能力				
	调试能力				
	沟通能力				
	相互合作能力				
	解决问题能力				
	自主学习能力				
	创新能力				
综合评价					

评价等级说明表

等　级	说　明
3	能高质、高效地完成此学习目标的全部内容，并能解决遇到的特殊问题
2	能高质、高效地完成此学习目标的全部内容
1	能圆满完成此学习目标的全部内容，不需任何帮助和指导

单元二

→ **数据类型、运算符与表达式**

　　软件公司新招聘的程序员，以前是用 VB 6.0 来开发软件，对 C++的基本语法还比较陌生。而现在公司希望他们能将部分客户以前用 VB 6.0 开发的软件改成用 C++开发的软件。因此，软件公司安排软件开发部的小刘对这些程序员进行培训。要求他们掌握 Visual C++的基本语法，尤其是数据类型和运算符及表达式。小刘表示要保质保量完成公司布置的工作。另外，公司技术主管提醒后续源代码的调试工具都统一为 Visual Studio 2017。

学习目标：

- 了解 C++的常用数据类型。
- 了解 C++的基本运算符。
- 了解 C++的常用表达式。
- 掌握用 C++的数据类型、运算符和表达式来编写简单的 C++程序。

数据类型、
运算符与表达式

项目一　用基本数据类型和函数来实现圆周长的计算

项目描述

　　软件公司新招聘的程序员对 VB 编程语言非常熟悉，但对 C++的基本语法尤其是基本数据类型不是很清楚。这些程序员要求学习用 C++的基本数据类型和函数来编写程序。软件公司要求开发部的小刘负责此项工作。

项目分析

　　小刘接到项目后，设计了一个用 C++函数来实现程序架构的模板，从算法的需要来训练程序员如何选择合适的数据类型，考虑到是熟悉数据类型，所以选择了比较简单的算法（计算圆周长）。

项目实施

1. 告知程序员该项目调试的结果（见图 2-1）

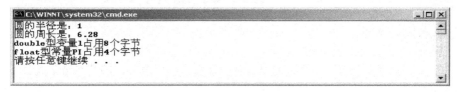

图 2-1　调试结果界面

2. 要求程序员按照以下的程序架构及注释来编辑源代码

```cpp
// chap02_1x01_CircleLength.cpp : 定义控制台应用程序的入口点
//练习: 用函数来求圆的周长
//1.包含输入/输出流头文件和算术函数头文件
#include "stdafx.h"        //系统生成的头文件
#include "iostream"        //自己添加输入/输出流头文件(扩展名不能写)
using namespace std;       //自己添加标准输入/输出库
#include "math.h"          //书写系统数学函数头文件
    //2.声明全局变量(整个程序均可见)
    double l,r;
    const float PI=3.14;
    //3.分别定义输入、处理、输出函数
    //3.1 输入函数
    void input()
    {
        r=1.0;
    }
    //3.2 处理函数
    void calc()
    {
        l=2*PI*r;
    }
    //3.3 输出函数
    void output()
    {
        cout<<"圆的半径是: " <<r<<endl;
        cout<<"圆的周长是: " <<l<<endl;
        cout<<"double型变量l占用"<<sizeof(l)<<"个字节"<<endl;
        cout<<"float型常量PI占用"<<sizeof(PI)<<"个字节"<<endl;
    }
//4.书写整个程序的入口: 主函数
int main()
{
    //4.1 调用输入函数
    input();
    //4.2 调用处理函数
    calc();
    //4.3 调用输出函数
    output();
    return 0;            //表示主函数无返回值
}
```

思考: 为什么圆周长用 double 类型, 而 PI 用 float 类型?

项目二 用类和对象来实现圆周长的计算

项目描述

软件公司新招聘的程序员对 VB 编程语言非常熟悉, 但对 C++的基本语法尤其是类和对象的概念不是很清楚。这些程序员要求学习用 C++的类和对象来编写程序。软件公司要求开发部的小刘负责此项工作。

 项目分析

　　小刘接到项目后，设计了一个用 C++ 类和对象来实现程序架构的模板，从用户和算法的需要来训练程序员在类中如何选择合适的私有及公用的变量，考虑到是熟悉类和对象的基本语法，所以选择了比较简单的算法（计算圆周长）。

项目实施

1. 告知程序员该项目调试的结果（如图 2-2）

```
C:\WINNT\system32\cmd.exe                               _|□|×|
圆的半径是: 1
圆的周长是: 6.28
类的长度和对象的长度是类中最大数据类型的一倍!
对象的长度是: 16
类的长度是: 16
```

图 2-2　调试结果界面

2. 要求程序员按照以下的程序架构及注释来编辑源代码

```cpp
// chap02_1x02_ClassCircleLength.cpp : 定义控制台应用程序的入口点
//练习: 用类来求圆的周长
//1.包含输入/输出流头文件和算术函数头文件
#include "stdafx.h"        //系统生成的头文件
#include "iostream"        //自己添加输入/输出流头文件(扩展名不能写)
using namespace std;       //自己添加标准输入/输出库
#include "math.h"          //书写系统数学函数头文件
#define PI 3.14            //定义常量
//2.定义一个类, 封装属性和方法[属性是私有(默认为 private),方法为公共]
class Circle
{
    //2.1 声明私有的属性（类内可见）
    private:
        float r;           //4个字节
        double l;          //8个字节
    //2.2 分别定义公有的输入、处理、输出函数(所有可见)
    public:
        void input()
        {
            r=1.0;
        }
        void calc()
        {
            l=2*PI*r;
        }
        void output()
        {
            cout<<"圆的半径是: "<<r<<endl;
            cout<<"圆的周长是: "<<l<<endl;
        }
};//类结束
//3. 书写整个程序的入口: 主函数
int main()
{
    //3.1 为类新建对象
```

```
    Circle cobj;
    //3.2 用对象调用输入函数
    cobj.input();
    //3.3 用对象调用处理函数
    cobj.calc();
    //3.4 用对象调用输出函数
    cobj.output();
    cout<<"类的长度和对象的长度是类中最大数据类型的一倍!"<<endl;
    cout<<"对象的长度是: "<<sizeof(cobj)<<endl;
    cout<<"类的长度是: "<<sizeof(Circle)<<endl;
    cin.get();      //让屏幕暂停
    return 0;       //表示主函数无返回值
}
```

3. 编程要点

（1）变量和方法一定要封装到类中。

（2）变量一般用 private，方法一般用 public。

（3）在主函数中为类新建对象。

（4）用对象调用公有函数来处理私有变量。

注意：类的长度和对象的长度是类中最大数据类型的一倍。

项目三　用结构体来实现圆周长的计算

项目描述

　　软件公司新招聘的程序员对 VB 编程语言非常熟悉，但对 C++的基本语法尤其是结构体的概念不是很清楚。这些程序员要求学习用 C++的结构体来编写程序。软件公司要求开发部的小刘负责此项工作。

项目分析

　　小刘接到项目后，设计了一个用 C++结构体来实现程序架构的模板，从用户和算法的需要来训练程序员在结构体中如何选择合适的私有及公用的变量，考虑到是熟悉结构体的基本语法，所以选择了比较简单的算法（计算圆周长）。

项目实施

1. 告知程序员该项目调试的结果（见图 2-3）

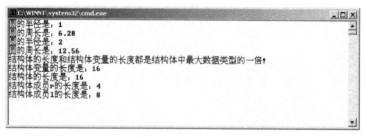

图 2-3　调试结果界面

2. 要求程序员按照以下的程序架构及注释来编辑源代码

```cpp
// chap02_1x03 StructCircleLength.cpp : 定义控制台应用程序的入口点
//练习：用结构体来求圆的周长
//1.包含输入/输出流头文件和算术函数头文件
#include "stdafx.h"          //系统生成的头文件
#include "iostream"          //自己添加输入/输出流头文件(扩展名不能写)
using namespace std;         //自己添加标准输入/输出库
#include "math.h"            //书写系统数学函数头文件
#define PI 3.14              //定义常量
//2.定义一个结构，封装属性和方法(结构中的属性和方法默认为公有的)
struct Circle
{
    //2.1 声明公有的成员（所有可见）（默认为 public）
    float r;
    double l;
    //2.2 分别定义公有的输入、处理、输出函数(所有可见)
    void input()
    {
        r=1.0;
    }
    void calc()
    {
        l=2*PI*r;
    }
    void output()
    {
        cout<<"圆的半径是: "<<r<<endl;
        cout<<"圆的周长是: "<<l<<endl;
    }
};//结构体结束
//3、书写整个程序的入口：主函数
int main()
{
    //3.1 声明变量 cobj 为结构体类型
    Circle cobj;
    //3.2 用 cobj 调用输入函数
    cobj.input();
    //3.3 用 cobj 调用处理函数
    cobj.calc();
    //3.4 用 cobj 调用输出函数
    cobj.output();
    cobj.r=2.0;
    cobj.l=2*PI*cobj.r;
    cout<<"圆的半径是: "<<cobj.r<<endl;
    cout<<"圆的周长是: "<<cobj.l<<endl;
    cout<<"结构体的长度和结构体变量的长度都是结构体中最大数据类型的一倍!" << endl;
    cout<<"结构体变量的长度是: "<<sizeof(cobj)<<endl;
    cout<<"结构体的长度是: "<<sizeof(Circle)<<endl;
    cout<<"结构体成员 r 的长度是: " <<sizeof(cobj.r)<< endl;
    cout<<"结构体成员 l 的长度是: "<<sizeof(cobj.l)<<endl;
    cin.get();
    return 0;        //表示主函数无返回值
}
```

3. 编程要点

（1）结构体成员变量和成员方法一定要封装到结构体中。

（2）结构体中的变量和方法默认都是 public。

（3）在主函数中为变量声明为结构体类型。

（4）用结构体类型的变量调用函数来处理结构体成员变量。

注意： 结构体的长度和结构体变量的长度都是结构体中最大数据类型的一倍。

项目四　用共用体来实现圆周长的计算

项目描述

软件公司新招聘的程序员对 VB 编程语言非常熟悉，但对 C++的基本语法尤其是共用体的概念不是很清楚。这些程序员要求学习用 C++的共用体来编写程序。软件公司要求开发部的小刘负责此项工作。

项目分析

小刘接到项目后，设计了一个用 C++共用体来实现程序架构的模板，从用户和算法的需要来训练程序员在共用体中如何选择合适的私有及公用的变量，考虑到是熟悉共用体的基本语法，所以选择了比较简单的算法（计算圆周长）。

项目实施

1. 告知程序员该项目调试的结果（见图 2-4）

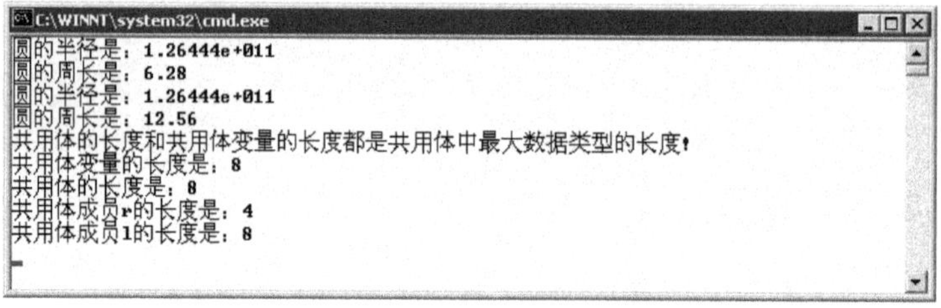

图 2-4　调试结果界面

2. 要求程序员按照以下的程序架构及注释来编辑源代码

```cpp
// chap02_lx04_UnionCircleLength.cpp : 定义控制台应用程序的入口点
//练习：用共用体来求圆的周长
//1.包含输入输出流头文件和算术函数头文件
#include "stdafx.h"        //系统生成的头文件
#include "iostream"        //自己添加输入/输出流头文件(扩展名不能写)
using namespace std;       //自己添加标准输入输出库
#include "math.h"          //书写系统数学函数头文件
#define PI 3.14            //定义常量
//2.定义一个共用体，封装属性和方法(共用体中的属性和方法默认为公有的)
union Circle
{   //2.1 声明公有的成员（所有可见）（默认为 public）
    float r;
    double l;
```

```
//2.2 分别定义公有的输入、处理、输出函数(所有可见)
void input()
{
    r=1.0;
}
void calc()
{
    l=2*PI*r;
}
void output()
{
    cout<<"圆的半径是: "<<r<<endl;
    cout<<"圆的周长是: "<<l<<endl;
}
};//共用体结束
//3.书写整个程序的入口: 主函数
int main()
{
    //3.1 声明变量cobj为共用体类型
    Circle cobj;
    //3.2 用cobj调用输入函数
    cobj.input();
    //3.3 用cobj调用处理函数
    cobj.calc();
    //3.4 用cobj调用输出函数
    cobj.output();
    cobj.r=2.0;
    cobj.l=2*PI*cobj.r;
    cout<<"圆的半径是: "<<cobj.r<<endl;
    cout<<"圆的周长是: "<<cobj.l<<endl;
    cout<<"共用体的长度和共用体变量的长度都是共用体中最大数据类型的长度!" << endl;
    cout<<"共用体变量的长度是: " <<sizeof(cobj)<<endl;
    cout<<"共用体的长度是: "<<sizeof(Circle)<<endl;
    cout<<"共用体成员r的长度是: "<<sizeof(cobj.r)<<endl;
    cout<<"共用体成员l的长度是: "<<sizeof(cobj.l)<<endl;
    cin.get();
    return 0;        //表示主函数无返回值
}
```

3. 编程要点

（1）共用体成员变量和成员方法一定要封装到结构体中。

（2）共用体中的变量和方法默认都是 public。

（3）在主函数中为变量声明为共用体类型。

（4）用共用体类型的变量调用函数来处理共用体成员变量。

注意：共用体长度和共用体变量长度都是共用体中最大数据类型的长度。

项目五　测试数据类型的长度及数据范围

项目描述

软件公司新招聘的程序员对 VB 编程语言非常熟悉，但对 C++的基本语法尤其是数据类型的长度及数据范围不是很清楚。因此，在用 C++编写程序时经常会使内存溢出或出现数据类型长度不够造成数据被自动截断。这些程序员要求学习用 limits.h 头文件中的系统常量来编写程序测试数据类型的长度及数据范围。软件公司要求开发部的小刘负责此项工作。

项目分析

小刘接到项目后，设计用 C++中 limits.h 头文件中的系统常量来测试数据类型的长度及数据范围。

项目实施

1. 告知程序员该项目调试的结果（见图 2-5）

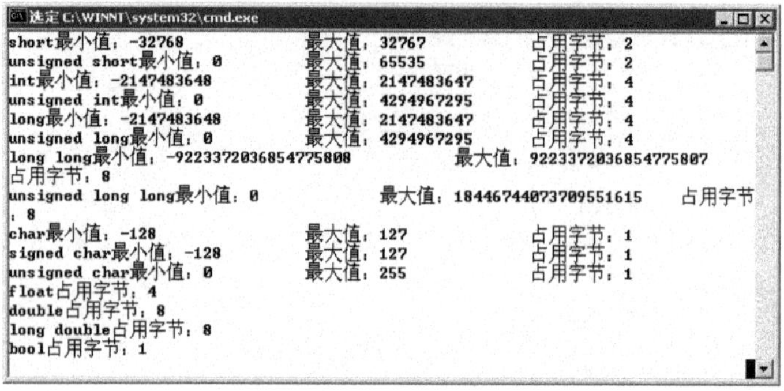

图 2-5　调试结果界面

2. 要求程序员按照以下的程序架构及注释来编辑源代码

```cpp
// chap02_lx05_DataTypeLength.cpp : 定义控制台应用程序的入口点
//练习：了解不同数据类型的数值范围
//1.包含输入/输出流头文件和算术函数头文件
#include "stdafx.h"      //系统生成的头文件
#include "iostream"      //自己添加输入/输出流头文件(扩展名不能写)
using namespace std;     //自己添加标准输入/输出库
#include "math.h"        //书写系统数学函数头文件
#include "limits.h"      //书写数据类型的限制头文件
//"C:\Program Files\Microsoft Visual Studio 8\VC\include"
//2.书写整个程序的入口：主函数
int main()
{ //2.1、书写输出代码
  cout<< "short 最小值:"<<SHRT_MIN<<"\t\t"<<"最大值:"<< SHRT_MAX<<"\t\t"<<"
    占用字节: "<<sizeof(short)<<endl;
  cout<<"unsigned short 最小值: "<<"0"<<"\t\t"<<"最大值:
    "<<USHRT_MAX<<"\t\t"<< "占用字节: " << sizeof(unsigned short)<< endl;
  cout <<"int 最小值: "<< INT_MIN << "\t\t" << "最大值: "<< INT_MAX <<"\t"<<"
    占用字节: "<<sizeof(int)<< endl;
  cout<<"unsigned int 最小值: "<<"0" <<"\t\t"<<"最大值: "<<UINT_MAX<<"\t"<<"
    占用字节: "<<sizeof(unsigned int)<< endl;
  cout<<"long 最小值: "<< LONG_MIN << "\t\t"<<"最大值: "<<LONG_MAX<<"\t"<<"
    占用字节: "<<sizeof(long)<< endl;
  cout<<"unsigned long 最小值: "<< "0"<<"\t\t"<<"最大值: "<<ULONG_MAX
    <<"\t"<<"占用字节: "<<sizeof(unsigned long)<<endl;
  cout<<"long long 最小值: "<< LLONG_MIN<<"\t\t"<<"最大值: "<<
    LLONG_MAX<<"\t"<<"占用字节: "<<sizeof(long long)<<endl;
  cout<<"unsigned long long 最小值: "<<"0"<<"\t\t"<<"最大值:
    "<<ULLONG_MAX<<"\t"<<"占用字节: "<<sizeof(unsigned long long)<< endl;
```

```
cout<<"char 最小值: "<<CHAR_MIN<< "\t\t"<<"最大值: "<< CHAR_MAX<<"\t\t" <<"
    占用字节: "<<sizeof(char)<< endl;
cout<<"signed char 最小值: "<<SCHAR_MIN<<"\t\t"<<"最大值: "<<
    SCHAR_MAX<<"\t\t" << "占用字节: " <<sizeof(signed char)<<endl;
cout<<"unsigned char最小值: "<< "0"<<"\t\t"<<"最大值: "<<UCHAR_MAX<<"\t\t"
    << "占用字节: " <<sizeof(unsigned char)<<endl;
cout<<"float 占用字节: "<<sizeof(float)<<endl;
cout<<"double 占用字节: "<<sizeof(double)<<endl;
cout<<"long double 占用字节: " << sizeof(long double)<<endl;
cout<<"bool 占用字节: "<<sizeof(bool)<<endl;
cout<<endl;
cin.get();
return0;    //表示主函数无返回值
}
```

相关知识与技能

一、熟悉数据类型的分类（见图 2-6）

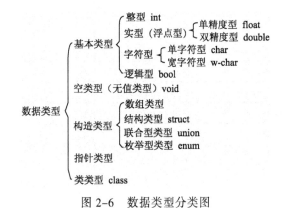

图 2-6　数据类型分类图

二、熟悉不同数据类型的长度

不同数据类型的长度如表 2-1 所示。

表 2-1　不同数据类型的长度表

长度　　　类型	整　　型	浮　点　型	字　符　型	布　尔　型
1 字节	无	无	char(−128～127) signed char(−128～127) unsigned char(0～255)	bool (0 或非 0)
2 字节	short(−32 768～32 767) unsigned short(0～65 535)	无	无	无
4 字节	int 与 unsigned int long 与 unsigned long	float	无	无
8 字节	long long unsigned long long	double long double	无	无

三、常用数据类型名称、常量以及对应长度

常用数据类型名称、常量以及对应长度如表 2-2 所示。

表 2-2　常用数据类型名称、常量以及对应长度对照表

数 据 类 型	常 量		字 节 数	数 值 范 围
short	SHRT_MIN	SHRT_MAX	2	−32 768～32767
unsigned short	USHRT_MIN	USHRT_MAX	2	0～65535
int	INT_MIN	INT_MAX	4	−2 147 483 648～2 14 7483 647
unsigned int	UINT_MIN	UINT_MAX	4	0～4 294 967 295
long	LONG_MIN	LONG_MAX	4	−2 147 483 648～2 1 47 483 647
unsigned long	ULONG_MIN	ULONG_MAX	4	0～4 294 967 295
long long	LLONG_MIN	LLONG_MAX	8	−9 223 372 036 854 7 75 808～9 223 372 03 6 854 775 807
unsigned long long	ULLONG_MIN	ULLONG_MAX	8	0～18 446 744 073 7 09 551 615
char	CHAR_MIN	CHAR_MAX	1	−128～127
signed char	SCHAR_MIN	SCHAR_MAX	1	−128～127
unsigned char	UCHAR_MIN	UCHAR_MAX	1	0～255
float	FLT_MIN	FLT_MAX	4	1.175 494 351e−38～3.4 02823466e+38
double	DBL_MIN	DBL_MAX	8	2.2 250 738 585 072 01 4e−308～1.7 976 9 31 34 8 623158e+308
bool	BOOL_MIN	BOOL_MAX	1	0 或者 1

四、编写程序时要注意的概念

（1）变量定义是通过变量定义语句实现的，该语句的一般格式为：

`<类型关键字> <变量名>[=<初值表达式>] , …;`

（2）C++语言的运算符按其在表达式中与运算对象的关系（连接运算对象的个数）可分为单目运算符、双目运算符、三目运算符。

（3）运算符包括算术运算符，赋值运算符，关系运算符，逻辑运算符，自增、自减运算符，条件运算符，位运算符，sizeof 运算符（求字节运算符），逗号运算符。

（4）C++表达式包括算术表达式、逻辑表达式、关系表达式、赋值表达式、条件表达式、逗号表达式。

（5）数据类型转换包括隐式类型转换、显式类型转换。

（6）数据类型从低到高的顺序如图 2-7 所示。

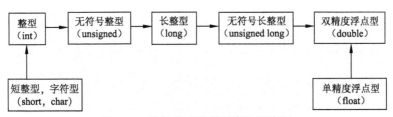

图 2-7　数据类型从低到高的顺序图

五、运算符的优先级与结合性

（1）() [] --> :: .	由左向右
（2）! ~ - ++ — & *	由右向左
（3）sizeof new delete .* / %	由左向右
（4）+ -	由左向右
（5）<< >>	由左向右
（6）< <= > >=	由左向右
（7）== !=	由左向右
（8）&	由左向右
（9）^	由左向右
（10）	由左向右
（11）&&	由左向右
（12）||	由左向右
（13）? : conditional operator	由右向左
（14）= += /= %= += -=	由右向左
（15）&= ^= |=	由左向右
（16）	

六、测试结构体的长度

1. 告知程序员该项目调试的结果（见图 2-8）

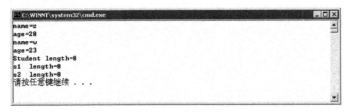

图 2-8　调试结果界面

2. 要求程序员按照以下的程序架构及注释来编辑源代码

```cpp
// chap02_lx06_struct.cpp：定义控制台应用程序的入口点
#include "stdafx.h"
#include "iostream"
using namespace std;
struct Student        //结构体名称相当于表名
{
```

```
    char name;              //结构体成员相当于列名
    int age;
};
void main()
{
    struct Student s1;   //结构体变量相当于表格中的行
    s1.name='z';
    s1.age=28;
    cout<<"name="<<s1.name<<endl;
    cout<<"age="<<s1.age<<endl;
    struct Student s2;
    s2.name='w';
    s2.age=23;
    cout<<"name="<<s2.name<<endl;
    cout<<"age="<<s2.age<<endl;
    cout<<"Student length=" << sizeof(Student)<<endl;
    cout<<"s1  length="<<sizeof(s1)<< endl;
    cout<<"s2  length="<<sizeof(s2)<< endl;
}
```

注意：结构体的长度是最大数据类型的一倍。

七、测试共用体的长度

1. 告知程序员该项目调试的结果（见图 2-9）

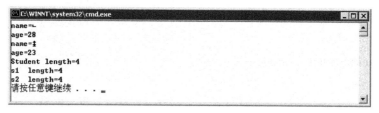

图 2-9 调试结果界面

2. 要求程序员按照以下的程序架构及注释来编辑源代码

```
// chap02_1x07_union.cpp ：定义控制台应用程序的入口点。
#include "stdafx.h"
#include "iostream"
using namespace std;
union Student
{
    char name;
    int age;
};
void main()
{
    union Student s1;
    s1.name='z';
    s1.age=28;
    cout<<"name="<<s1.name<<endl;
    cout<<"age="<<s1.age<<endl;
    union Student s2;
    s2.name='w';
```

```
    s2.age=23;
    cout<<"name="<<s2.name<<endl;
    cout<<"age="<<s2.age<<endl;
    cout<<"Student length=" << sizeof(Student)<<endl;
    cout<<"s1  length="<<sizeof(s1)<<endl;
    cout<<"s2  length="<<sizeof(s2)<<endl;
}
```

注意：共用体的长度是最大的数据类型的长度。

八、数组类型

1. 告知程序员该项目调试的结果（见图 2-10）

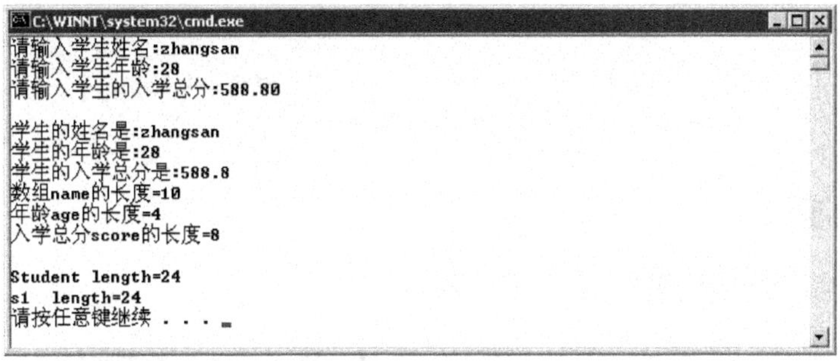

图 2-10　调试结果界面

2. 要求程序员按照以下的程序架构及注释来编辑源代码

```
// chap02_lx08_array.cpp : 定义控制台应用程序的入口点。
#include "stdafx.h"
#include "iostream"
using namespace std;
class Student
{
  private:
  //name 为数组名(代表了整个空间的首地址),16 表示整个数组有个数组元素,
  //这个数组元素分别为: name[0],name[1],…,name[9],其中-9 表示下标
  //数组是一组具有相同数据类型的数据集合
    char name[10];    //字符数组可以存放一个字符串或者多个字符
    int age;
    double score;
  public:
    void input()
    {
        cout<<"请输入学生姓名:";
        cin>>name;
        cout<<"请输入学生年龄:";
        cin>>age;
        cout<<"请输入学生的入学总分:";
        cin>>score;
    }
    void output()
    {
```

```
            cout<<"\n";
            cout<<"学生的姓名是:"<<name<<endl;
            cout<<"学生的年龄是:"<<age<<endl;
            cout<<"学生的入学总分是:"<<score<<endl;
            cout<<"数组 name 的长度="<<sizeof(name)<<endl;
            cout<<"年龄 age 的长度="<<sizeof(age)<<endl;
            cout<<"入学总分 score 的长度="<<sizeof(score)<<endl;
        }
};
void main()
{
    Student s1;
    s1.input();
    s1.output();
    cout<<"\n";
    cout<<"Student length="<<sizeof(Student)<<endl;
    cout<<"s1  length="<<sizeof(s1)<<endl;
}
```

九、枚举类型

1. 告知程序员该项目调试的结果（见图 2-11）

图 2-11　调试结果界面

2. 要求程序员按照以下的程序架构及注释来编辑源代码

```cpp
// chap02_1x09_enumeration.cpp : 定义控制台应用程序的入口点
#include "stdafx.h"
#include "iostream"
using namespace std;
void main()
{
    //声明枚举类型 trafficLight,它里面 3 个固定值(red,green,yellow),索引分别
    //为,1,2
    //枚举类型的索引值一旦修改,后面的值自动跟着发生变化
    enum trafficLight {red,green,yellow};
    //声明一个变量 myColor 为枚举类型 trafficLight
    enum trafficLight myColor;
    //枚举类型变量 myColor 的取值范围只能在{red,green,yellow}之间
    myColor=red;
    //枚举类型变量 myColor 输出的结果为索引值(索引从开始)
    cout<<"myColor="<<myColor<<endl;
}
```

拓展与提高

一、试验各种常量

1. 告知程序员该项目调试的结果（见图 2-12）

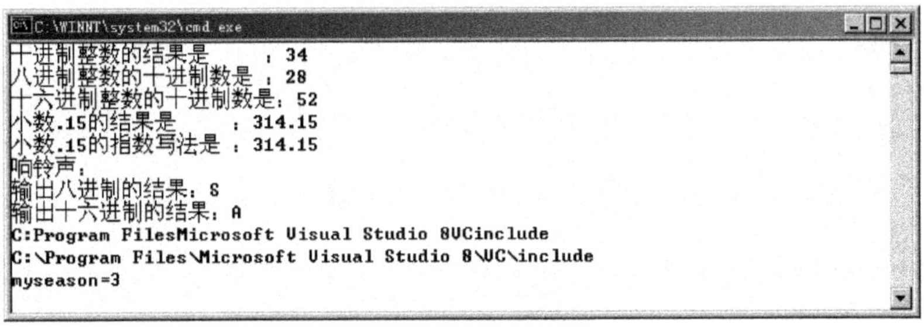

图 2-12　调试结果界面

2. 要求程序员按照以下的程序架构及注释来编辑源代码

```cpp
// chap02_lx12_Constant.cpp ：定义控制台应用程序的入口点。
//练习: 试验各种常量
//1.包含输入/输出流头文件和数学函数头文件
#include "stdafx.h"      //系统生成的头文件
#include "iostream"      //自己添加输入/输出流头文件(扩展名不能写)
using namespace std;     //自己添加标准输入/输出库
#include "math.h"        //书写系统数学函数头文件
//2.书写整个程序的入口: 主函数
int main()
{
    //2.1 书写输出代码
    cout<<"十进制整数的结果是    : "<<34<<endl;
    cout<<"八进制整数的十进制数是 : "<<034<<endl;
    cout<<"十六进制整数的十进制数是: "<<0x34<<endl;

    cout<<"小数.15 的结果是     : "<<314.15<<endl;
    cout<<"小数.15 的指数写法是 : "<<3.1415E+2<<endl;
    cout<<"响铃声: "<<"\a"<<"\a"<<"\a"<<endl;
    cout<<"输出八进制的结果: "<<"\123"<<endl;
    cout<<"输出十六进制的结果: "<<"\x41"<<endl;
    cout<<"C:\Program Files\Microsoft Visual Studio 8\VC\include" << endl;
    cout<<"C:\\Program Files\\Microsoft Visual Studio 8\\VC\\include" <<
      endl;
    enum season{spring,summer,autumn,winter};
    season myseason;
    myseason=winter;
    cout<<"myseason="<<myseason<<endl;
    cin.get();
    return 0;                 //表示主函数无返回值
}
```

二、试验各种运算符与表达式

1. 示例 1

（1）告知程序员该项目调试的结果，如图 2-13 所示。

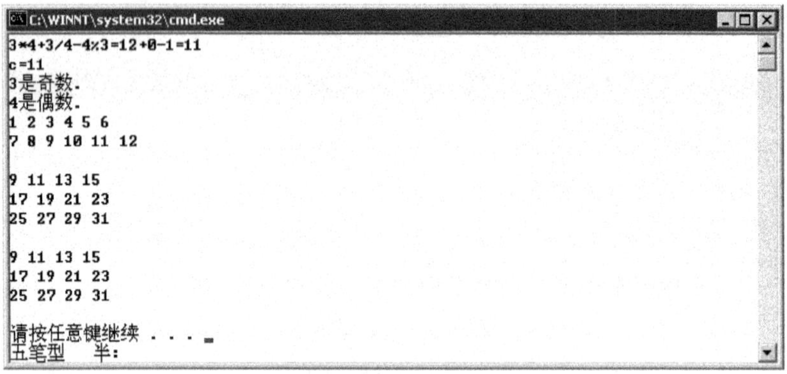

图 2-13　调试结果界面

（2）要求程序员按照以下的程序架构及注释来编辑源代码。

```
// chap02_1x13_operator.cpp：定义控制台应用程序的入口点
//练习：复习运算符与表达式
//1.包含输入/输出流头文件和算术函数头文件
#include "stdafx.h"      //系统生成的头文件
#include "iostream"      //自己添加输入输出流头文件(扩展名不能写)
using namespace std;     //自己添加标准输入/输出库
#include "math.h"        //书写系统数学函数头文件
//2.书写整个程序的入口：主函数
int main()
{
    //2.1 声明变量与常量
    int a,b,c;
    //2.2 初始化变量(用键盘输入)
    a=3;
    b=4;
    //2.3 书写算法
    // % 左右必须为整数
    c=a*b+a/b-b%a;     // 3*4+3/4-4%3=12+0-1=11(*,/,%为同一级别,比+,-优先)
    //2.4 书写输出代码
    cout<<"3*4+3/4-4%3=12+0-1=11"<<endl;
    cout<<"c="<<c<<endl;

    if (a%2==0)        //整数%2==0是偶数,整数%2==1是奇数
    {
        cout<<a<<"是偶数."<<endl;
    }
    else if(a%2==1)
    {
        cout<<a<<"是奇数."<<endl;
    }
    cout<<b<<(b%2==0?"是偶数.":"是奇数.")<<endl;  //三目运算符    (判断语句?
                                                  //为真的结果:为假的结果)
    for(int i=1;i<=12;i++)     //for(循环的初值;循环条件;计数器)
```

```
{
    if(i%6==0)
    {
        cout<<i<<endl;
    }
    else
    {
        cout<<i<<" ";
    }
}
cout<<endl;
for(int i=9;i<=31;i+=2)        //for(循环的初值;循环条件;计数器)
{
    if(i%8==7)
    {
        cout<<i<<endl;
    }
    else
    {
        cout<<i<<" ";
    }
}
cout<<endl;
for(int i=9;i<=31;i+=2)        //for(循环的初值;循环条件;计数器)
{
    if(i==15||i==23||i==31)
    {
        cout<<i<<endl;
    }
    else
    {
        cout<<i<<" ";
    }
}
cout<<endl;
return 0;                      //表示主函数无返回值
}
```

2. 示例2

（1）告知程序员该项目调试的结果，如图2-14所示。

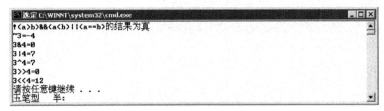

图2-14 调试结果界面

（2）要求程序员按照以下的程序架构及注释来编辑源代码。

```
// chap02_lx14_operator.cpp : 定义控制台应用程序的入口点
//练习: 复习运算符与表达式
//1.包含输入/输出流头文件和算术函数头文件
#include "stdafx.h"           //系统生成的头文件
```

```cpp
#include "iostream"          //自己添加输入/输出流头文件(扩展名不能写)
using namespace std;         //自己添加标准输入/输出库
#include "math.h"            //书写系统数学函数头文件
//2.书写整个程序的入口:主函数
int main()
{
   //2.1 声明变量与常量
   int a,b,c;
   //2.2 初始化变量(用键盘输入)
   a=3;
   b=4;
   //2.3 书写算法
   if (!(a>b)&&(a<b)||(a==b)){        //(!3>4&&3<4||3==4)  先作比较,再作逻辑(!
                                      //优先,其次&& ,最后||)
                      //!false && true||false (! 要比关系运算符优先)
      cout<<"!(a>b)&&(a<b)||(a==b)"<<"的结果为真" << endl;
   }
   else
   {
      cout<<"!(a>b)&&(a<b)||(a==b)"<<"的结果为假" << endl;
   }
   c=~a;
   cout<<"~3="<<c<<endl;             //按位操作需考虑数值的位数(8位,位,位,位)
                                     //及符号位(0 为正数,为负数)
   c=a&b;
   cout<<"3&4="<<c<<endl;
   c=a|b;
   cout<<"3|4="<<c<<endl;
   c=a^b;
   cout<<"3^4="<<c<<endl;
   c=a>>2;                           //按位右移,左移的每一位按位算
   cout<<"3>>4="<<c<<endl;
   c=a<<2;
   cout<<"3<<4="<<c<<endl;
   //2.4 书写输出代码
   return 0;
}
```

三、指针类型

1. 告知程序员该项目调试的结果(见图2-15)

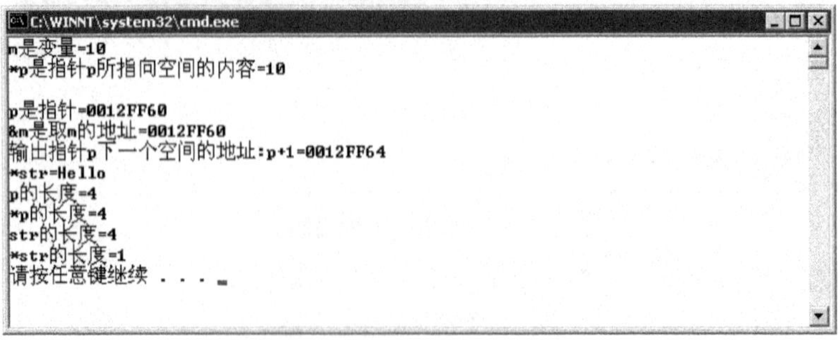

图2-15 调试结果界面

2. 要求程序员按照以下的程序架构及注释来编辑源代码

```
// chap02_lx10_pointer.cpp : 定义控制台应用程序的入口点

#include "stdafx.h"
#include "iostream"
using namespace std;
void main()
{
  int m=10;
  int *p=&m;   //声明一个整型的指针变量用来存放一般变量m的地址(即指针p指向变量m)
  //int *p;
  //p=&m;
  cout<<"m是变量="<<m<<endl;
  cout<<"*p是指针p所指向空间的内容="<<*p<<endl;
  cout<<endl;
  cout<<"p是指针="<<p<<endl;
  cout<<"&m是取m的地址="<<&m<<endl;
  cout<<"输出指针p下一个空间的地址:p+1="<<p+1<<endl;
  char*str="Hello";
  cout<<"*str="<<str<<endl;
  cout<<"p的长度="<<sizeof(p)<<endl;
  cout<<"*p的长度="<<sizeof(*p)<<endl;
  cout<<"str的长度="<<sizeof(str)<<endl;
  cout<<"*str的长度="<<sizeof(*str)<<endl;
}
```

四、类类型

1. 告知程序员该项目调试的结果（见图 2-16）

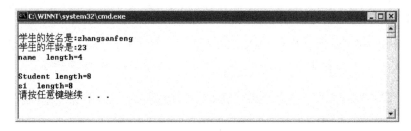

图 2-16　调试结果界面

2. 要求程序员按照以下的程序架构及注释来编辑源代码

```
// chap02_lx11_class.cpp : 定义控制台应用程序的入口点
#include "stdafx.h"
#include "iostream"
using namespace std;
class Student
{
  private:
    char *name;
    int  age;
  public:
    void input(char *n,int a)
    {
```

```
        name=n;
        age=a;
    }
    void output()
    {
        cout<<"\n";
        cout<<"学生的姓名是:"<<name<<endl;
        cout<<"学生的年龄是:"<<age<<endl;
        cout<<"name  length="<<sizeof(name)<<endl;
    }
};
void main()
{
    Student s1;
    s1.input("zhangsanfeng",23);
    s1.output();
    cout<<"\n";
    cout<<"Student length="<<sizeof(Student)<<endl;
    cout<<"s1  length="<<sizeof(s1)<<endl;
}
```

实训操作

一、实训目的

本项目是为了完成对单元二的能力整合而制定的。根据数据类型的分类及运算符与表达式的概念，培养综合运用数据类型的分类及运算符与表达式编写程序的能力。

二、实训内容

要求用4种方法实现华氏与摄氏温度之间互相转换。

提示：华氏温度=摄氏温度*1.8+32，摄氏温度=（华氏温度-32）/1.8。可用 OPP、函数、类、自定义头文件封装类这4种方法实现。运行结果如图 2-17 所示。

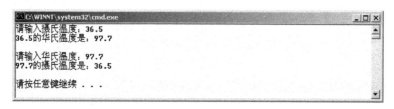

图 2-17 调试结果界面

三、实训要求

根据所学的知识，综合单元二的内容，编写程序并调试。

（1）编写出解决上述问题的程序。

（2）根据程序运行的结果分析程序的正确性。

四、程序代码

（略，要求学生独立完成）

小　结

本单元首先介绍了如何用 C++ 的基本数据类型和函数来实现简单的算法，然后重点讲解了用类和对象或用结构体、共用体来实现算法。由于很多人并不熟悉数组、指针、枚举等数据类型，因此，还讲解了这方面的知识并教会学生如何将其运用在算法中。

在 C++ 编程中，同一算法的编程模板有很多，通过对一道题目用多种不同模板的编写来教会学生举一反三、拓宽思路，建议学习时以自我上机实训为主。

技能巩固

一、基础训练

1. 以下各选项中，均为 C++ 语言保留字的为（　　　）。

    A. enum include cout   B. int class cin

    C. float double main   D. char int include

2. 下面关于数据类型的说法中不正确的是（　　　）。

    A. 数据类型决定了该类型变量的取值范围和可以进行的操作

    B. C++ 中基本数据类型的个数是有限的，而非基本数据类型的个数可以是无限的

    C. C++ 中非基本数据类型是由多个基本数据类型或非基本数据类型组合而成的

    D. 数据类型决定了某个时刻变量的值

3. 已知有类型定义 enum LOCATION{Right,Left,Top,Bottom};下面属于自定义数据类型的是（　　　）。

    A. float   B. enum   C. Right   D. LOCATION

4. 在某个程序中，要用整型数据占用内存字节数的信息，为了使该程序以后容易移植，最好使用（　　　）来表示该字节数。

    A. 4   B. 2   C. sizeof(int)   D. 没有好的办法

5. 在 C++ 语言中，int、char 和 short 三种类型数据在内存中所占用的字节数是（　　　）。

    A. 由用户自己定义   B. 4、1、2 字节

    C. 任意的   D. 由所用机器的字长决定

6. 下列符号中能用作 C++ 自定义标识符的是（　　　）。

    A. 5abc   B. if   C. –abc   D. _abc

7. 下列变量定义中，正确的是（　　　）。

    A. int m,n,x,y;float x,z;   B. char c1,c2="c";float a,b;

    C. double age,do;   D. float f1,_Length=0;double Length_;

8. 以下能够正确定义整型变量 a、b 和 c 并为其赋初始值 5 的语句为（　　　）。

    A. int a=b=c=5;   B. int a,b,c=5;   C. int a=5;b=5;c=5;   D. int a=5,b=5,c=5;

9. 下面不是 C++ 中整型常量的是（　　　）。

    A. 02   B. 0   C. 038   D. 0XAE

10. 下面的浮点数表示不正确的是（　　　）。

    A. 123e5   B. 10e0.5   C. e2   D. .234

11. 下列字符常量中，非法的是（　　　　）

    A. '\018'　　　　　　B. '\t'　　　　　　　C. 'b'　　　　　　　D. '141'

12. 下面表示反斜杠字符的是（　　　　）。

    A. '\'　　　　　　　B. '\\'　　　　　　　C. "\"　　　　　　　D. "\\"

13. 下面的（　　　　）语句能够输出：

```
He is a student!
I'm a student,too!
```

    A. cout<<" He is a student!\n I'm a student\,too\!";

    B. cout<<" He is a student! "<<endl;

        cout<<" I'm a student,too! ";

    C. cout<<" He is a student! ";

        cout<<"\nI'm a student,too! ";

    D. cout<<" He is a student! endl";

        cout<<" I'm a student,too! ";

14. 已知字母 a 的 ASCII 码为十进制数 97，且设 ch 为字符型变量，则表达式 ch='8'-'3'+'a'=（　　　　）

    A. 'a'　　　　　　　B. 'F'　　　　　　　C. 'f'　　　　　　　D. 表达式错误

15. 下列字符串常量表示中，错误的是（　　　　）

    A. "\"yes\"or\"NO\""　　　　　　　　B. "\'ok!\' '"

    C. "abcd\n"　　　　　　　　　　　D. "ABC\0"

16. 假设某系统中，一个 char 类型占用一字节内存，则字符类型为 char 类型的字符串 "\017141hello\"\0"所占内存的字节数是（　　　　）。

    A. 9　　　　　　　　B. 10　　　　　　　C. 11　　　　　　　D. 12

17. 以下能够定义常量 PI，并且给其赋初始值为 3.1415 的语句为（　　　　）。

    A. const PI=3.1415;　　　　　　　B. const int PI=3.1415;

    C. float const PI=3.1415;　　　　　D. const double PI=3.1415

18. 下面对枚举类型的定义中，正确的是（　　　　）。

    A. enum color {red,blue,green;};　　　B. enum color ={red,blue,green};

    C. enum color {"red","blue","green"};　D. enum color {red,blue,green};

19. 执行以下语句后的输出结果为（　　　　）。

```
enum weekday{sun,mon=3,tue,wed,thu};
enum weekdayw1,w2;
w1=sun;
w2=wed;
Cout<<w1<<','<<w2<<endl;
```

    A. 2、3　　　　　　B. 2、5　　　　　　C. 0、5　　　　　　D. 0、3

20. 下面 4 个选项中，均是 C++语言保留字的选项为（　　　　）。

    A. const,enum,include　　　　　　B. class,cout,main

    C. struct,type,enum　　　　　　　D. char,main,const

21. 下面属于自定义数据类型的是（　　　　）。

    A. int　　　　　　　B. enum　　　　　　C. struct

D. class   E. char   F. 都不是

22. 在 32 位计算机中，int 型变量占用的内存字节数一般为（   ）。
    A. 8   B. 6   C. 4   D. 1

23. 下面关于 C++中数据类型说法中不正确的是（   ）。
    A. C++中的基本数据类型是由系统预定义的
    B. C++中非基本数据类型是由系统预定义的
    C. 数据类型决定了可以对该类型变量进行的操作以及如何操作
    D. 数据类型决定了系统要为该类型变量分配多少字节的内存

24. 下列符号中能用作 C++自定义标识符的是（   ）。
    A. 5abc   B. if   C. -abc   D. abc_

25. 在 C++中，char 型数据在内存中的存储形式为（   ）。
    A. 补码   B. 反码   C. 原码   D. ASCII 码

26. 下列常量中，其值为整数 0 的是（   ）。
    A. '0'   B. '\0'   C. "\0"   D. 0

27. 已知 ch 是字符型变量，下面不正确的赋值语句为（   ）。
    A. ch='123';   B. ch='7'+'9';   C. ch=7+9;   D. ch="\"

28. 以下错误的转义字符为（   ）。
    A. '\\'   B. '\"'   C. '\81'   D. '\0'

29. 下面正确的字符常量为（   ）。
    A. "C"   B. '\\'   C. 'w'   D. "

30. 执行以下语句序列：
    ```
    Enum COLOR{Red,Blue=-1,Yellow};
    COLOR c1,c2;c1=Yellow;
    Cout<<c1;
    ```
    则（   ）。
    A. 输出 0   B. 输出 1   C. 输出 2   D. 执行语法错误

31. 以下数据定义语句中错误的是（   ）。
    A. int x,y;a,b;   B. char x='3';   C. float I,j,k;   D. int i=10.5;

32. C++语言中的基本数据类型包括（   ）。
    A. 整型、实型、逻辑型   B. 整型、实型、字符型
    C. 整型、字符型、逻辑型   D. 整型、实型、逻辑型、字符型

33. 在 16 位机器中，下列不能作为 C++语言的 int 类型常数为（   ）。
    A. 32768   B. 0   C. 037   D. 0XFF

34. 下面 4 个选项中，均不能作为用户标识符使用的是（   ）。
    A. m,P-0,do   B. float,ka0,-A   C. -123,temp,INT   D. b-a,goto,int

35. 下面不正确的字符串常量为（   ）。
    A. 'abc'   B. "12'12"   C. "0"   D. "   "

36. 关于字符'\0'，不正确的说法是（   ）。
    A. 常用来作为字符串的结束标志   B. 在计算机中存储时占用一字节的内存
    C. 是空格字符的转义表示形式   D. 作为逻辑值使用时等价于逻辑"假"

37. 若有说明语句：char c='\72'；则变量 c（　　　）。
    A. 包含 1 个字符 　　　　　　　　　　　B. 包含 2 个字符
    C. 包含 3 个字符 　　　　　　　　　　　D. 说明不合法，c 的值不确定

38. 以下 4 个选项中，均是合法常量的是（　　　）。
    A. −0X18,01177, '\97\45' 　　　　　　　B. '\\', '\01',12,456
    C. 'as',0FFF, '\0xa' 　　　　　　　　　 D. 0xabc, '\0', "a"

39. 下面 4 个选项中，均是不合法转义字符的选项是（　　　）。
    A. '\"', '\\', '\xF' 　　B. '\1011', '\', "\a" 　　C. '\011', '\F', '\}' 　　D. '\abc', '\101', 'x1F'

40 已说明 int a=256;执行语句 cout<<hex<<a<<endl;的结果为（　　　）。
    A. 100 　　　　　　 B. 256 　　　　　　 C. ffe 　　　　　　 D. 00ff

41. 整型变量 i 定义后赋初值的结果是（　　　）。
    int i=2.8*6;
    A. 12 　　　　　　 B. 16 　　　　　　 C. 17 　　　　　　 D. 18

42. 下列表达式的值为 false 的是（　　　）。
    A. 1<3 && 5<7 　　B. !（2>4） 　　　C. 3&0&&1 　　　D. !(5<8)||(2<8)

43. 设 int a=10, b=11, c=12;表达式(a+b)<c&&b= =c 的值是（　　　）。
    A. 2 　　　　　　 B. 0 　　　　　　 C. −2 　　　　　　 D. 1

44. 若整型变量 x=2,则表达式 x<<2 的结果是（　　　）。
    A. 2 　　　　　　 B. 4 　　　　　　 C. 6 　　　　　　 D. 8

45. 表示"大于 10 而小于 20 的数"，正确的是（　　　）。
    A. 10<x<20 　　　B. x>10||x<20 　　　C. x>10&x<20 　　　D. !（x<=10||x>=20）

二、项目实战

1. 项目描述

本项目是为了完成对单元二中的架构程序的能力整合而制定的。根据结构化设计程序的方法，培养独立完成编写结构化程序及面向对象程序的初步能力。

内容：完成如下程序设计题目。

用异或实现加密解密（要求用类、对象、函数实现）。

提示：源码与密钥异或得到密码，这个过程称为"加密"。密码与密钥异或还原成源码，这个过程称为"解密"。此题可用 OPP 顺序结构实现；可用 OPP 结构化程序方法（主函数调用子函数实现）；可用 OOP 类和对象（单文件）实现；可用 OOP 类和对象（多文件）实现。

程序调试的结果参考如图 2-18 所示。

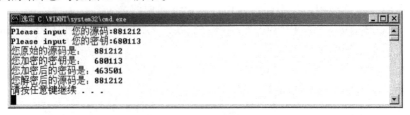

图 2-18　用异或实现加密解密的输入/输出界面

2. 项目要求

根据所学的知识，综合单元二的内容，编写程序并调试。

（1）编写出解决上述问题的程序。

（2）根据程序运行的结果分析程序的正确性。

3. 项目评价

项目实训评价表

内 容			评 价		
	学 习 目 标	评 价 项 目	3	2	1
职业能力	了解程序设计中的数据类型	知道常用的数据类型			
		知道如何为算法设计合适的数据类型			
	能掌握运算符与表达式	能在算法中灵活使用各种运算符			
		能在算法中灵活使用各种表达式			
通用能力	阅读能力				
	设计能力				
	调试能力				
	沟通能力				
	相互合作能力				
	解决问题能力				
	自主学习能力				
	创新能力				
综合评价					

评价等级说明表

等 级	说 明
3	能高质、高效地完成此学习目标的全部内容，并能解决遇到的特殊问题
2	能高质、高效地完成此学习目标的全部内容
1	能圆满完成此学习目标的全部内容，不需要任何帮助和指导

➡ 控 制 结 构

软件公司新招聘的程序员对结构化程序设计的思路非常清楚，即自顶向下、逐步求精、模块化。但因为大部分程序员以前是用 VB 来开发软件的，对 C++中三大控制结构，即顺序结构、分支结构（也称选择结构）、循环结构的语法不是很清楚，所以公司经理要求软件开发部的小刘对这些程序员进行培训，使他们能尽快熟悉 C++中三大控制结构。小刘表示要尽快完成领导布置的任务。

学习目标：

- 了解 C++中的 3 种控制结构。
- 掌握用顺序结构编写程序。
- 掌握用分支结构编写程序。
- 掌握用循环结构编写程序。

控制结构

项目一　用顺序结构编写 C++程序

项目描述

软件公司新招聘的程序员对 VB 编程语言非常熟悉，但对 C++的基本语法及程序架构方法不是很清楚。这些程序员要求学习使用 C++的顺序结构来架构程序。软件公司要求开发部的小刘负责此项工作。

项目分析

小刘接到项目后，设计了编写顺序结构程序的思路：先执行输入语句，再执行处理语句，最后执行输出语句。考虑到是熟悉顺序结构程序的架构，所以选择了比较简单的算法。

项目实施

1. 告知程序员该项目调试的结果（见图 3-1）

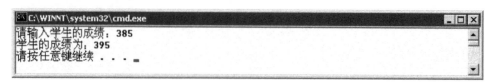

图 3-1　项目调试结果示意图

2. 要求程序员按照以下的程序架构及注释来编辑源代码

```
//chap03_lx01_sequence.cpp ：定义控制台应用程序的入口点
//练习：用顺序结构实现学生成绩输入/输出
//1.包含输入/输出流头文件和算术函数头文件
#include "stdafx.h"          //系统生成的头文件
#include "iostream"          //自己添加输入/输出流头文件(扩展名不能写)
using namespace std;         //自己添加标准输入/输出库
#include "math.h"            //书写系统数学函数头文件
//2.书写整个程序的入口：主函数
int main()
{
    //2.1 声明变量与常量
    double score;
    //2.2 初始化变量(用键盘输入)
    cout<<"请输入学生的成绩: ";
    cin>>score;
    //2.3 书写算法
    score=score+10;
    //2.4 书写输出代码
    cout<<"学生的成绩为: "<<score<<endl;
    return 0;                 //表示主函数无返回值
}
```

项目二 用分支结构编写 C++ 程序

项目描述

　　软件公司新招聘的程序员对 VB 编程语言非常熟悉，但对 C++ 的基本语法及程序架构方法不是很清楚。这些程序员要求学习使用 C++ 的分支结构来架构程序。软件公司要求开发部的小刘负责此项工作。

项目分析

　　小刘接到项目后，设计了编写分支结构程序的思路：先分析单分支结构能否解决，再分析双分支结构是否能解决，最后看多分支结构是否能解决。如果以上都不能解决，则要考虑分支结构嵌套。考虑到是熟悉分支结构程序的架构，所以选择了比较简单的算法。

项目实施

1. 单分支结构（只处理满足条件的）

（1）单分支结构的语法如下：

```
if( 条件 )
{
   语句;
}
```

（2）告知程序员该项目调试的结果，如图3-2、图3-3所示。

图3-2 项目调试结果（一）

图3-3 项目调试结果（二）

（3）要求程序员按照以下的程序架构及注释来编辑源代码。

```cpp
//chap03_lx02_if.cpp : 定义控制台应用程序的入口点
//练习：用分支结构 if 实现学生成绩输入/输出
//1.包含输入/输出流头文件和算术函数头文件
#include "stdafx.h"          //系统生成的头文件
#include "iostream"          //自己添加输入/输出流头文件(扩展名不能写)
using namespace std;         //自己添加标准输入/输出库
#include "math.h"            //书写系统数学函数头文件
//2.书写整个程序的入口：主函数
int main()
{
    //2.1 声明变量与常量
    double score;
    //2.2.初始化变量(用键盘输入)
    cout<<"请输入学生的成绩: ";
    cin>>score;
    //2.3 书写算法(单分支结构)
    if(score>200&&score<300)
    {
        score=score+10;
    }
    //2.4 书写输出代码
    cout<<"学生的成绩为: "<<score<<endl;
    return 0;                //表示主函数无返回值
}
```

2. 双分支结构（包含是与否两种情况）

（1）双分支结构的语法如下：

```cpp
if( 条件 )
{
    语句 A;
}
else
{
    语句 B;
}
```

（2）告知程序员该项目调试的结果，如图 3-4、图 3-5 所示。

图 3-4　项目调试结果（一）

图 3-5　项目调试结果（二）

（3）要求程序员按照以下的程序架构及注释来编辑源代码。

```cpp
//chap03_lx03_if_else.cpp：定义控制台应用程序的入口点
//练习：用分支结构 if...else 实现学生成绩输入/输出
//1.包含输入/输出流头文件和算术函数头文件
#include "stdafx.h"          //系统生成的头文件
#include "iostream"          //自己添加输入/输出流头文件(扩展名不能写)
using namespace std;         //自己添加标准输入/输出库
#include "math.h"            //书写系统数学函数头文件
//2.书写整个程序的入口：主函数
int main()
{
    //2.1 声明变量与常量
    double score;
    //2.2 初始化变量(用键盘输入)
    cout<<"请输入学生的成绩: ";
    cin>>score;
    //2.3 书写算法(单分支结构)
    if(score<300&&score>200)
    {
        score=score+10;
    }
    else
    {
        score=score+5;
    }
    //2.4 书写输出代码
    cout<<"学生的成绩为: "<<score<<endl;
    return 0;        //表示主函数无返回值
}
```

3. 多条件分支结构(if....else if...else)

（1）多条件分支结构(if....else if...else)的语法如下：

```cpp
if( 条件 1 )
{
    语句 A;
}
else if(条件 2)
{
    语句 B;
```

```
}
else if(条件 3)
{
    语句 C;
}
.else
{
    语句 D;
}
```

（2）告知程序员该项目调试的结果，如图3-6所示。

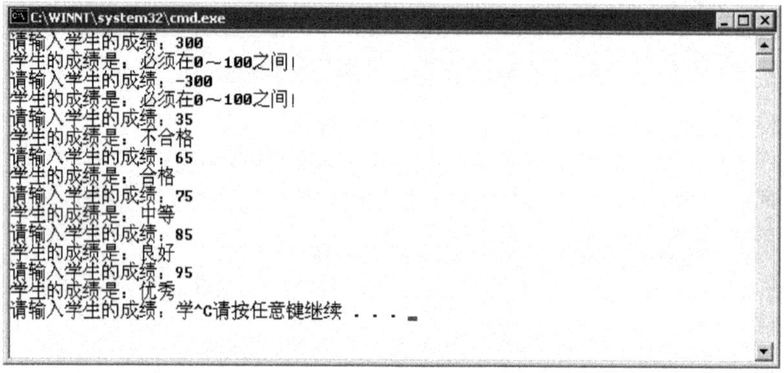

图3-6　项目调试结果

（3）要求程序员按照以下的程序架构及注释来编辑源代码

```cpp
// chap03_1x04_if_elseif_else.cpp : 定义控制台应用程序的入口点
//练习:用分支结构 if...else if ... else 实现学生成绩输入/输出
//1.包含输入/输出流头文件和算术函数头文件
#include "stdafx.h"      //系统生成的头文件
#include "iostream"      //自己添加输入/输出流头文件(扩展名不能写)
using namespace std;     //自己添加标准输入/输出库
#include "math.h"        //书写系统数学函数头文件
//2.书写整个程序的入口: 主函数
int main()
{ //2.1.声明变量与常量
  double score;
  char *str="";
  while(true)
  { //2.2.初始化变量(用键盘输入)
    cout<<"请输入学生的成绩: ";
    cin>>score;
    //2.3.书写算法(单分支结构)
    if(score<0||score>100)
    {
        str="必须在 0～100 之间! ";
    }
    else if(score>=90)
    {
        str="优秀";
    }
    else if(score>=80)
    {
```

```
            str="良好";
        }
        else if(score>=70)
        {
            str="中等";
        }
        else if(score>=60)
        {
            str="合格";
        }
        else
        {
            str="不合格";
        }
        //2.4. 书写输出代码
        cout<<"学生的成绩是: "<<str<<endl;
    }
    return 0;          //表示主函数无返回值
}
```

4. 多条件分支结构(switch)

（1）多条件分支结构（switch）的语法如下：

```
switch( 变量)
{   case 常量1:
        语句 A;
        break;
    case 常量2:
        语句 B;
        break;
    case 常量3:
        语句 C;
        break;
    ...
    default:
        语句 D;
}
```

（2）告知程序员该项目调试的结果，如图 3-7 所示。

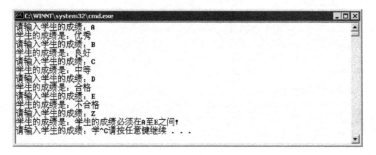

图 3-7　项目调试结果

（3）要求程序员按照以下的程序架构及注释来编辑源代码。

```
//chap03_lx05_switch.cpp ：定义控制台应用程序的入口点
```

```cpp
//练习: 用分支结构 switch 实现学生成绩输入/输出
//1.包含输入/输出流头文件和算术函数头文件
#include "stdafx.h"          //系统生成的头文件
#include "iostream"          //自己添加输入/输出流头文件(扩展名不能写)
using namespace std;         //自己添加标准输入/输出库
#include "math.h"            //书写系统数学函数头文件
//2.书写整个程序的入口: 主函数
int main()
{
    //2.1 声明变量与常量
    char score;
    char *str="";
    while(true)
    {
        //2.2. 初始化变量(用键盘输入)
        cout<<"请输入学生的成绩: ";
        cin>>score;
        //2.3. 书写算法(单分支结构)
        switch(score)
        {
            case 'A':
                str="优秀";
                break;
            case 'B':
                str="良好";
                break;
            case 'C':
                str="中等";
                break;
            case 'D':
                str="合格";
                break;
            case 'E':
                str="不合格";
                break;
            default:
                str="学生的成绩必须在A至E之间!";
        }
        //2.4 书写输出代码
        cout<<"学生的成绩是: "<<str<<endl;
    }
    return 0;        //表示主函数无返回值
}
```

5. 分支结构嵌套

（1）分支结构嵌套的语法如下：

```cpp
if( 条件 1)
{   if(条件 2)
    {
        语句 A;
    }
    else
    {
        语句 B;
```

```
        }
    }
else
{   语句 C;
}
```

（2）告知程序员该项目调试的结果，如图 3-8 所示。

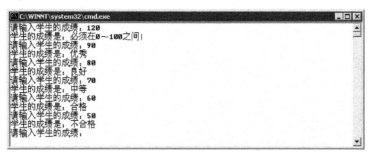

图 3-8　项目调试结果

（3）要求程序员按照以下的程序架构及注释来编辑源代码

```
//chap03_lx09_if_嵌套_score.cpp：定义控制台应用程序的入口点
//练习：用嵌套分支结构实现学生成绩输入/输出
//1.包含输入/输出流头文件和算术函数头文件
#include "stdafx.h"         //系统生成的头文件
#include "iostream"         //自己添加输入/输出流头文件(扩展名不能写)
using namespace std;        //自己添加标准输入/输出库
#include "math.h"           //书写系统数学函数头文件
//2.书写整个程序的入口：主函数
int main()
{
    //2.1.声明变量与常量
    double score;
    char *str="";
    while(true)
    {   //2.2.初始化变量(用键盘输入)
        cout<<"请输入学生的成绩: ";
        cin>>score;
        //2.3.书写算法(单分支结构)
        if(score<0||score>100)
        {
            str="必须在 0~100 之间！";
        }
        else
        {
            if(score<60)
            {
                str="不合格";
            }
            else
            {
                if(score>=90)
                {
                    str="优秀";
                }
```

```
            else if(score>=80)
            {
                str="良好";
            }
            else if(score>=70)
            {
                str="中等";
            }
            else
            {
                str="合格";
            }
        }
    }
    //2.4. 书写输出代码
    cout<<"学生的成绩是: "<<str<<endl;
    }
    return 0;           //表示主函数无返回值
}
```

项目三　用循环结构编写 C++程序

📖 项目描述

软件公司新招聘的程序员对 VB 编程语言非常熟悉，但对 C++的基本语法及程序架构方法不是很清楚。这些程序员要求学习使用 C++的循环结构来架构程序。软件公司要求开发部的小刘负责此项工作。

📖 项目分析

小刘接到项目后，设计了编写循环结构程序的思路：要分析是先判断循环条件，还是先执行循环体。如果以上都不能解决，就要考虑是否用双重循环或循环嵌套分支结构。考虑到是熟悉循环结构程序的架构，所以选择了比较简单的算法。

📖 项目实施

1．for 循环（处理循环次数固定的程序）

（1）for 循环结构的语法如下：

```
for(类型 循环变量=初值;循环条件为循环变量<=终值;累加器为循环变量++)
{
    //算法
}
```

（2）告知程序员该项目调试的结果，如图 3-9 所示。

图 3-9　项目调试结果

（3）要求程序员按照以下的程序架构及注释来编辑源代码

```cpp
// chap03_1x11_for_add.cpp : 定义控制台应用程序的入口点
//计算 1+2+3+…+10 的结果
#include "stdafx.h"
#include "iostream"
using namespace std;
int main()
{
  //1.声明变量
  int sum=0;
  //2.书写累加求和算法
  for(int i=1;i<=10;i++)
  {
      sum+=i;  //sum=sum+i;
  }
  // sum=0     i=1    sum=sum+i=0+1=1   i=1+1=2
  // sum=1     i=2    sum=1+2=3         i=2+1=3
  // sum=45    i=10   sum=45+10=55      i=10+1=11
  //3.输出
  cout<<"sum="<<sum<<endl;
  return 0;
}
```

（4）省略了循环变量初始化语句的 for 循环架构。

```cpp
int i=1;
for(;i<=10;i++)
{
  sum+=i;  //sum=sum+i;
}
```

（5）省略了循环变量初始化语句和计数器的 for 循环架构。

```cpp
int i=1;
for(;i<=10;)
{
  sum+=i;  //sum=sum+i;
  i++;
}
```

2. while 循环（先判断条件，再执行循环体）

（1）while 循环结构的语法如下：

```
声明循环变量=初值;
while(循环条件为循环变量<=终值)
{
  //算法
  计数器为循环变量++;
}
```

（2）告知程序员该项目调试的结果，如图 3-10 所示。

图 3-10　项目调试结果

（3）要求程序员按照以下的程序架构及注释来编辑源代码。

```cpp
//chap03_lx13_while_add.cpp：定义控制台应用程序的入口点
#include "stdafx.h"
#include "iostream"
using namespace std;
int main()
{
    //1.声明变量
    int sum=0,i=1;
    //2.书写累加求和算法
    while(i<=10)
    {
        sum+=i;
        i++;
    }
    //3.输出
    cout<<"sum="<<sum<<endl;
    return 0;
}
```

3. do...while 循环（先做循环体，再判断条件）

（1）do...while 循环结构的语法如下：

```
声明循环变量=初值;
do
{
    //算法
    计数器为循环变量++;
} while(循环条件为循环变量<=终值);
```

（2）告知程序员该项目调试的结果，如图 3-11 所示。

图 3-11　项目调试结果

（3）要求程序员按照以下的程序架构及注释来编辑源代码。

```cpp
//chap03_lx14_do_while_add.cpp：定义控制台应用程序的入口点
#include "stdafx.h"
#include "iostream"
using namespace std;
int main()
{
    //1.声明变量
    int sum=0,i=1;
    //2.书写累加求和算法
    do
    {
        sum+=i;
        i++;
    }while(i<=10);
    //3.输出
    cout<<"sum="<<sum<<endl;
```

```
    return 0;
}
```

4. if...goto 循环结构

（1）if...goto 循环结构的语法如下：

```
卷标名:
if(循环条件)
{
    //算法;
    累加器;
    goto 卷标名;
}
```

（2）要求程序员按照以下的程序架构及注释来编辑源代码。

```
// chap03_lx15_if_goto.cpp : 定义控制台应用程序的入口点
#include "stdafx.h"
#include "iostream"
using namespace std;
int main()
{
    //1.声明变量
    int sum=0,i=1;
    //2.书写累加求和算法
    noodle:
    if(i<=10)
    {
        sum+=i;
        i++;
        goto noodle;
    }
    //3.输出
    cout<<"sum="<<sum<<endl;
    return 0;
}
```

（3）程序运行结果与前面用 do...while 编写的程序相同。

5. break（跳出整个循环）

（1）break 的语法如下：

```
for(类型 变量=初值;循环条件;累加器)
{
    if(条件)
    {
        break;
    }
}
```

（2）告知程序员该项目调试的结果，如图 3-12 所示。

图 3-12　项目调试结果

（3）要求程序员按照以下的程序架构及注释来编辑源代码。

```cpp
// chap03_lx16_while_break.cpp ：定义控制台应用程序的入口点
#include "stdafx.h"
#include "iostream"
using namespace std;
int main()
{ //1.声明变量
   int sum=0,i=1;
   //2.书写累加求和算法
   while(i<=10)
   {
      if(i<=5)
      {
         sum+=i;  //sum=sum+i;
      }
      else
      {
         break;
      }
      i++;
   }
   //3.输出
   cout<<"sum="<<sum<<endl;
   return 0;
}
```

6. continue（跳过当前这一次循环，继续执行下一次循环）

（1）continue 的语法如下：

```cpp
for(类型 变量=初值;循环条件;累加器)
{  if(条件)
   {
      continue;
   }
}
```

（2）告知程序员该项目调试的结果，如图 3-13 所示。

图 3-13　项目调试结果

（3）要求程序员按照以下的程序架构及注释来编辑源代码。

```cpp
// chap03_lx17_for_continue.cpp ：定义控制台应用程序的入口点
#include "stdafx.h"
#include "iostream"
using namespace std;
int main()
{ //1.声明变量
   int sum=0;
   //2.书写累加求和算法
   for(int i=1;i<=10;i++)
   {  if(i%2==0)
```

```
        {
            sum+=i;   //sum=sum+i;
        }
        else
        {
            continue;
        }
    }
    cout<<"sum="<<sum<<endl;
    return 0;
}
```

相关知识与技能

一、结构化程序设计的思路

（1）自顶向下；
（2）逐步求精；
（3）模块化。

二、程序的基本控制结构

（1）顺序结构；
（2）分支结构；
（3）循环结构。

三、顺序结构

（1）表达式语句；
（2）输入/输出（I/O）；
（3）复合语句。

四、分支结构

（1）if...else 语句；
（2）switch 语句。

五、循环结构

（1）while 语句；
（2）do...while 语句；
（3）for 语句。

六、转移语句

（1）break 语句；
（2）continue 语句；
（3）goto 语句。

七、用流程图描述算法

1. 传统流程图图例及制作示例

传统流程图图例如图 3-14 所示，制作示例如图 3-15 所示。

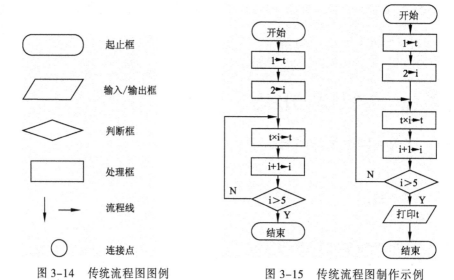

图 3-14　传统流程图图例　　　　图 3-15　传统流程图制作示例

2. N-S 流程图（见图 3-16）

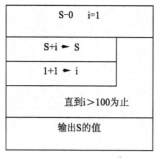

（a）图例（一）　　　　　　　　（b）图例（二）

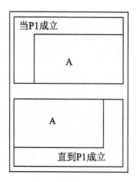

（C）图例（三）　　　　　　　　（d）图例（四）

图 3-16　N-S 流程图

拓展与提高

一、汉诺塔

（1）汉诺塔问题源于印度一个古老传说。在世界中心贝拿勒斯（在印度北部）的圣庙里，一块黄铜板上插着三根宝石针。印度教的主神梵天在创造世界的时候，在其中一根针上从下到上地穿好了由大到小的 64 片金片，这就是所谓的汉诺塔。不论白天黑夜，总有一个僧侣在按照下面的法则移动这些金片：一次只移动一片，不管在哪根针上，小片必须在大片上面。僧侣们预言，当所有的金片都从梵天穿好的那根针上移到另外一根针上时，世界就将在一声霹雳中消灭，而梵塔、庙宇和众生也都将同归于尽。

（2）不管这个传说的可信度有多大，如果考虑一下把 64 片金片，由一根针上移到另一根针上，并且始终保持上小下大的顺序。这需要多少次移动呢？这里需要递归的方法。假设有 n 片，移动次数是 $f(n)$，显然 $f(1)=1, f(2)=3, f(3)=7$，且 $f(k+1)=2*f(k)+1$。此后不难证明 $f(n)=2^n-1$。$n=64$ 时， $f(64) = 2^{64}-1=18\,446\,744\,073\,709\,551\,615$。

（3）假如每秒钟一次，共需多长时间？一个平年 365 天有 31 536 000 s，闰年 366 天有 31 622 400s，平均每年 31 556 952s，计算一下，18446744073709551615/31556952= 584 554 049 253.855 年。

（4）这表明移完这些金片需要 5 845 亿年以上，而地球存在至今不过 45 亿年，太阳系的预期寿命据说也就是数百亿年。真的过了 5 845 亿年，不论太阳、银河系，还是地球，都是无法预测的。

二、求棋盘上麦粒的总和

（1）舍罕王打算奖赏国际象棋的发明人——宰相西萨·班·达依尔。国王问他想要什么，他对国王说："陛下，请您在这张棋盘的第 1 个小格里赏给我一粒麦子，在第 2 个小格里给 2 粒，第 3 个小格给 4 粒，以后每一小格都比前一小格加一倍。请您把这样摆满棋盘上所有 64 格的麦粒，都赏给您的仆人吧！"国王觉得这个要求太容易满足了，就命令给他这些麦粒。当人们把一袋一袋的麦子搬来开始计数时，国王才发现：就是把全印度甚至全世界的麦粒全拿来，也满足不了那位宰相的要求。

（2）那么，宰相要求得到的麦粒到底有多少呢？总数为

$$1+2^1+2^2+\cdots+2^{63}+2^{64}-1$$

（3）此数据和移完汉诺塔的次数一样。人们估计，全世界两千年也难以生产这么多麦子。

实训操作

一、实训目的

本项目是为了完成对单元三的能力整合而制定的。根据顺序结构、分支结构、循环结构的概念，培养学生运用 3 种控制结构独立完成编写程序的能力。

二、实训内容

要求完成如下程序设计题目:

(1)用双分支结构实现三角形面积的计算,如图 3-17 所示。

(a)项目调试结果(一)

(b)项目调试结果(二)

图 3-17 项目调试结果

(2)用多条件分支实现一元二次方程两个根的计算,如图 3-18 所示。

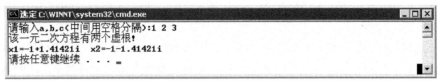

(a)项目调试结果(一)

(b)项目调试结果(二)

(c)项目调试结果(三)

图 3-18 项目调试结果

(3)用多条件分支实现某年某月的天数计算,如图 3-19 所示。

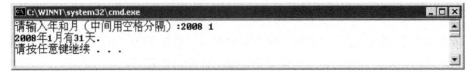

(a)项目调试结果(一)

图 3-19 项目调试结果

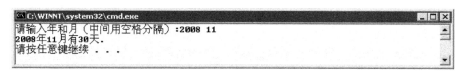

（b）项目调试结果（二）

（c）项目调试结果（三）

（d）项目调试结果（四）

图 3-19　项目调试结果（续）

（4）用嵌套分支实现一元二次方程根的计算，如图 3-20 所示。

（a）项目调试结果（一）

（b）项目调试结果（二）

（c）项目调试结果（三）

（d）项目调试结果（四）

图 3-20　项目调试结果

（5）输出 1～200 之间的奇数（每一行输出十个），如图 3-21 所示。

```
C:\WINNT\system32\cmd.exe                                        _ □ ×
1        3        5        7        9        11       13       15       17       19
21       23       25       27       29       31       33       35       37       39
41       43       45       47       49       51       53       55       57       59
61       63       65       67       69       71       73       75       77       79
81       83       85       87       89       91       93       95       97       99
101      103      105      107      109      111      113      115      117      119
121      123      125      127      129      131      133      135      137      139
141      143      145      147      149      151      153      155      157      159
161      163      165      167      169      171      173      175      177      179
181      183      185      187      189      191      193      195      197      199
请按任意键继续 . . .
```

图 3-21　项目调试结果

三、实训要求

根据所学的知识，综合单元三的内容，编写程序并调试。

（1）编写出解决上述问题的程序。

（2）根据程序运行的结果分析程序的正确性。

四、程序代码

（略，要求学生独立完成）

小　结

本单元首先介绍了用顺序结构、分支结构、循环结构来编写 C++程序，然后在相关知识与技能中介绍了结构化程序设计的思路以及如何用流程图来描述算法。

C++编程中用 3 种控制结构编写算法的写法有很多，学生要通过实际的算法特点来设计合适的编程结构，建议学习时上机演练一个算法由多种不同的编程结构来实现。

技能巩固

一、基础训练

1. 设有 "int a,b,c;"，下列选项中，符合 C++语法的语句是（　　　）。

　　A. a=3;　　　　　　B. a+b*c;　　　　　C. {c=a>b?a:b};　　　D. ;

2. 已知有定义 "int a,b;const int c;"，下列符合 C++语法的表达式为（　　　）。

　　A. 4+c=b=0;　　　B. a=++b;　　　　　C. a=c=b=6;　　　　D. a=4++;

3. 设有说明 "int k=7,x=12;"，则能够使值为 3 的表达式为（　　　）。

　　A. x%=(k%=5)　　B. x%=(k-k%5)　　C. x%=k-k/5　　　　D. (x%=k)-(k%=5)

4. 设有说明 "int x=10,y=4,f;float m;"，则执行表达式 f=m=x/y 后，f、m 的值分别为（　　　）。

　　A. 2、2.5　　　　B. 3、2.5、2　　　　C. 2.5、2.5　　　　D. 2、2.0

5. 执行以下语句组

```
float x=1;
int y=2;
```

```
y+=++x*x++;
```
则 y 的值为（ ）。

    A. 11   B. 11.0   C. 6   D. 6.0

6. 下列语句的输出结果是（ ）。
```
int a=1,b=1,c=1;
a=a-- -b-- -c;
cout<<a<<endl;
```
    A. −1   B. −2   C. −3   D. −4

7. 若有语句 int a=5;则执行语句 a+=a*=10;后，a 的值为（ ）。

    A. 55   B. 100   C. 60   D. 105

8. 实型变量 x 的取值范围为闭区间[−2,10]或开区间(15,34)，则正确表示 x 取值范围的逻辑表达式为（ ）。

    A. −2<=x<=10||15<x<40   B. (−2<=x&&x<=10)||(15<x&&x<34)

    C. −2<=x<=10&&15<x<40   D. (−2<=x&&x<=10)&&(15<x&&x<34)

9. 要求从键盘输入一个整数，如果为 2，则输出字符串 num is 2，否则什么也不做，则下列符合要求的语句为（ ）。

    A. int i;cin>>i;if(i=2)cout<<"num is 2"<<endl;

    B. int i;cin>>i;if(i==2)cout<<'num is 2'<<endl;

    C. int i;cin>>i;if(i==2)cout<<"num is 2<<endl;

    D. int i;cin>>i;if(!(i−2))cout<<"num is 2"<<endl;

10. 设有说明"int a=15,b=17,c;"，则执行表达式 c=a||(b+=b)后，a、b、c 的值分别为（ ）。

    A. 15、17、1   B. 1、34、35   C. 15、34、1   D. 15、17、15

11. 执行以下语句后 a 和 b 的值分别为（ ）。
```
int a=5,b=6,w=1,x=2,y=3,z=4;
(a=w>x)&&(b=y>z);
```
    A. 6，6   B. 5，3   C. 0，6   D. 0，0

12. 设有说明 "int a,b,c;a=b=c=5;"，执行语句 "b+=++a>b&&++c>b;"，则 a、b、c 的值分别为（ ）。

    A. 6、7、6   B. 6、6、6   C. 6、6、5   D. 6、1、6

13. 若要在 if 后一对圆括号中表示条件"a 不等于 0 成立"，则能正确表示这一关系的表达式为（ ）。

    A. a<>0   B. !a   C. a=0   D. a

14. 以下错误的 if 语句为（ ）。

    A. if(x>y);   B. if(x==y)x+=y;

    C. if(x==y);cout<<"x="<<x<<endl;else;cout<<"y="<<y<<endl;   D. if(x<y){x++;y++;}

15. 执行下列语句后，输出的结果为（ ）。
```
int x=0;
cout<<((x=4*5,x*5),x+25);
```
    A. 20   B. 100   C. 45   D. 125

16. 设有定义 char c='a';float f=1.0;double d=2.0;，则表达式 c+18/4*f*d/5 的值和数据类型为（ ）。

A. 98,int   B. 98.6,float   C. 98.6,double   D. 98,不确定

17. 如果 a=1,b=2,c=3,d=4，则表达式 a<b?a:c<d?c:d 的值为（   ）。

     A. 1   B. 2   C. 3   D. 4

18. 已知 char ch='A';，则下列表达式的值为（   ）。

     ch=(ch>='A'&&ch<='Z')?(ch+32):ch;

     A. A   B. a   C. Z   D. z

19. C++语言中，下列运算符的操作数必须是 int 类型的为（   ）。

     A. %   B. /   C. --   D. ++

20. 已知 int i=6,j;，则执行语句 j=(++i)+(i++);后 j 的值为（   ）。

     A. 4   B. 14   C. 13   D. 15

21. 已知 int x=1,y=-1;，则语句 cout<<(x--&++y);的输出结果为（   ）。

     A. 1   B. 0   C. -1   D. 2

22. 若 c 的值不为 0，则下列选项中，能够将 c 的值赋给 a,b 的为（   ）。

     A. c=a=b   B. (a=c)||(b=c)   C. (a=c)&&(b=c)   D. a=c=b

23. 若给定条件表达式 (n)?(c++):(c--)，则其中(n)的正确含义为（   ）。

     A. n==0   B. n==1   C. n!=0   D. n!=1

24. 已知 int I=5;执行语句 I+=++I;后，I 的值为（   ）。

     A. 10   B. 11   C. 12   D. 13

25. 下列表达式中，符合 C++语法的为（   ）。

     A. 4.0%2   B. a+2=b   C. 1<2<3   D. a<>b

26. C++语言对嵌套 if 语句的规定是：else 总是与（   ）配对。

     A. 其之前最近的 if   B. 第一个 if

     C. 缩进位置相同的 if   D. 其前面最近的且尚未配对的 if

27. 下面的条件语句中，（其中 s1、s2 表示是 C++语言的语句），只有一个在功能上与其他三条语句不等价，它是（   ）

     A. if(a)s1;else s2;   B. if(a==0)s2;else s1;

     C. if(a!=0)s1;else s2;   D. if(a==0)s1;else s2;

28. 以下叙述正确的是（   ）。

     A. 在 C++程序中，每行只能写一条语句

     B. 在 C++程序中，无论是整数还是实数，都能够被准确无误地表示

     C. 在 C++程序中，%是只能用于整数运算的运算符

     D. 若 a 是实型变量，C++程序允许赋值 a=10，因此实型变量可以存放整数

29. 设有语句"int m;float x,y;y=m=x=7.99;"，则 y 的值为（   ）。

     A. 7.0   B. 7.99   C. 8   D. 8.0

30. 以下符合 C++语言语法的赋值表达式为（   ）。

     A. d=9+e+f=d+9   B. d=9+e,f=d+9   C. d=9+e,e++,d+9   D. d=9+e+=d+7

31. 若有定义：int a=7;float x=2.5,y=4.7;，则表达式 x=a%3*(int)(x+y)%2/4 的值为（   ）。

     A. 2.5   B. 2.75   C. 3.5   D. 0.0

32. 设有"int a;float f;double i;"，则表达式 10+'a'+i*f 值的类型为（   ）。

A. int   B. float   C. double   D. 不确定

33. 能正确表示"当 x 的值在[1,10]或[200,210]范围内为真,否则为假"的表达式为( )。

    A. (x>=1)&&(x<=10)&&(x>=2000)&&(x<=210)

    B. (x>=1)||(x<=10)||(x>=2000)||(x<=210)

    C. (x>=1)&&(x<=10)||(x>=2000)&&(x<=210)

    D. (x>=1)||(x<=10)&&(x>=2000)||(x<=210)

34. 以下程序的运行结果为( )。

```
#include <iostream.h>
void main()
{
  int a,b,d=241;
  a=d/100%9;b=(-1)&&(-1);
  cout<<a<<','<<b<<endl;
}
```

    A. 6, 1   B. 2, 1   C. 6, 0   D. 2, 0

35. 以下 if 语句语法正确的是( )。

    A. if(x>0)

        x=x+y;cout<<x<<endl;

      else

      cout<<--x<<endl;

    B. if(x>0)

        { x=x+y;cout<<x<<endl; }

      else

       cout<<--x<<endl;

    C. if(x>0)

      { x=x+y;cout<<x<<endl; };

      else

        cout<<--x<<endl;

    D. if(x>0)

      { x=x+y; cout<<x<<endl}

      else

      cout<<--x<<endl;

36. 执行"int a=3;if(a=2)a++;else a--;"后,变量 a 的值为( )。

    A. 2   B. 3   C. 4   D. 5

37. 已知 int x;,则表达式(x=4*5,x*5), x+25, 以及 x 的值为( )。

    A. 20, 20   B. 100, 100   C. 45, 20   D. 45, 125

38. 执行下面语句后 x 的值为( )。

```
int a=14,b=15,x;
char c='A';
x=((a&b)&&(c<'a'));
TRUE
FALSE
0
1
```

    A. TRUE   B. FALSE   C. 0   D. 1

39. 执行以下语句序列后,a、b、c 的值分别为( )。

```
int a,b,c;
a=b=c=0;
a=a++||a>b++||(c=++a,b++);
```

    A. 1, 0, 0   B. 1, 1, 0   C. 2, 2, 2   D. 1, 1, 2

40. 以下程序的运行结果为（　　　）。

```
void main()
{
  int n=9;
  while(n>6)
  {
    n--;
    cout<<n;
  }
}
```

　A. 987　　　　　　B. 876　　　　　　C. 8765　　　　　D. 9876

41. 下以程序的运行结果为（　　　）。

```
void main()
{
  int x=23;
  do
  {
    cout<<x--;
  }while(!x);
}
```

　A. 321　　　　　　B. 23　　　　　　C. 不输出任何内容　D. 陷入死循环

42. 以下叙述正确的是（　　　）。

　A. do...while 语句构成的循环不能用其他语句构成的循环来代替

　B. do...while 语句构成的循环只能用 break 语句退出

　C. do...while 语句构成的循环，在 while 后的表达式为非零时结束循环

　D. do...while 语句构成的循环，在 while 后的表达式为零时结束循环

43. 下面有关 for 循环的说法中正确的是（　　　）。

　A. for 循环只能用于循环次数确定的情况

　B. for 循环是先执行循环体语句，后判断表达式

　C. 在 for 循环中，不能用 break 语句跳出循环体

　D. for 循环的循环体中，可以包含多条语句，但必须用花括号括起来

44. 下列程序运行输出结果为（　　　）。

```
void main()
{
  int i,sum;
  for(i=1;i<=3;sum++)
      sum+=i;
  cout<<sum;
}
```

　A. 61　　　　　　B. 3　　　　　　C. 死循环　　　　　D. 0

45. 下列程序执行完后，输出的结果为（　　　）。

```
void main()
{
  int i=8;
  switch(i)
```

```
    {
    case 9:i=i+1;
    default:i=i+1;
    case 10:i=i+1;
    case 11:i=i+1;
    }
    cout<<i;
}
```
  A. 10   B. 11   C. 12   D. 13

46. 以下程序的运行结果为（ ）。
```
void main()
{
    int i;
    for(i=0;i<3;i++)
        switch(i)
        {
            case 1:cout<<i;
            case 2:cout<<i;
            default:cout<<i;
        }
}
```
  A. 011122   B. 012   C. 012020   D. 120

47. 以下程序段的运行结果为（ ）。
```
void main()
{
    int x=0,y=0;
    while(x<15)
        y++,x+=++y;
    cout<<y<<','<<x;

}
```
  A. 20,7   B. 6,12   C. 20,8   D. 8,20

48. 以下能够正确计算 1*2*3*…*10 的程序段为（ ）。

  A. void main()
    { int i,s;
     do
     {i=1;s=1;s=s*i;i++;}
      while(i<=10);
    }

  B. void main()
    { int i,s;
     do
     { i=1;s=0;s=s*i;i++; }
     while(i<=10);
    }

  C. void main()
    { int i=1,s=1;
     do
     { s=s*i;i++;}
     while(i<=10);
    }

  D. void main()
    { int i=1,s=0;
     do
     { s=s*i;i++; }
     while(i<=10);
    }

49. 若定义 float x;int a,b;，则正确的 switch 语句为（　　　）。

A. void main()
```
{   float x;int a,b;
    switch(a+b)
    {    case 1:cout<<1;
         case 2:cout<<2;
    }
}
```

B. void main()
```
{    float x;int a,b;
     switch(x)
     {    case 1.0:cout<<1.0;
          case 2.0:cout<<2.0;
     }
}
```

C. void main()
```
{float x;int a,b;
 switch(a)
    {    case 3:cout<<13;
    case 3:cout<<23;
    }
}
```

D. void main()
```
{    float x;int a,b;
     switch(a+b)
     {    case 1,2:cout<<1.2;
     case 1+2:cout<<2.0;
     }
}
```

50. 以下正确的描述为（　　　）。

A. continue 语句的作用是结束整个循环的执行

B. 只能在循环体内和 switch 语句体内使用 break 语句

C. 在循环体内使用 break 语句或 continue 语句的作用相同

D. 从多层循环嵌套中退出时只能使用 goto 语句

51. 以下程序段的执行结果为（　　　）。
```
void main()
{
   int i=0,s=0;
   do
   {
      if(i%2)
      {
         i++;
         continue;
      }
      i++;
      s+=i;
   }while(i<7);
   cout<<s;
}
```
A. 16　　　　　　B. 12　　　　　　C. 28　　　　　　D. 21

52. 以下程序的执行结果为（　　　）。
```
void main()
{
   int k=4,n=0;
   for(;n<k;)
   {
      n++;
```

```
        if(n%3!=0)
            continue;
        k--;
    }
    cout<<k<<","<<n;
}
```
  A. 1, 1   B. 2, 2   C. 3, 3   D. 4, 4

53. 以下不是无限循环的语句为（   ）。

  A．for(y=0,x=1;x>++y;x=i++) i=x;

  B．for(;;x++=i);

  C．while(1){x++;}

  D．do{sum+=i;}while(i=1);

54. 下列程序的输出结果为（   ）。

```
void main()
{
    int k,j,m;
    for(k=5;k>=1;k--)
    {
        m=0;
        for(j=k;j<=5;j++)
            m=m+k*j;
    }
    cout<<m;
}
```
  A. 124   B. 25   C. 36   D. 15

55. 以下程序中，while 循环执行的次数为（   ）。

```
void main()
{
    while(int i=0)
    {
        if(i<1)
            continue;
        if(i==5)
            break;
        i++;
    }
}
```
  A. 1   B. 10   C. 0   D. 死循环

56. 对于以下程序段，描述正确的是（   ）。

```
void main()
{
    int k=10;
    while(k=0)
        k=k-1;
}
```
  A．while 循环执行 10 次   B．循环是无限循环
  C．循环体语句一次也不执行   D．循环体语句执行一次

57. 以下程序段（   ）。

```
void main()
{
   int x=-1;
   do
   {
      x=x*x;
   }while(!x);
}
```

  A. 是死循环　　　B. 循环执行两次　　C. 循环执行一次　　D. 有语法错误

58. 对 for(表达式 1;;表达式 3)可理解为（   ）。

  A. for(表达式 1;0;表达式 3)　　　　　B. for(表达式 1;1;表达式 3)

  C. for(表达式 1;表达式 1;表达式 3)　　D. for(表达式 1;表达式 3;表达式 3)

59. 以下程序的输出结果为（   ）。

```
void main()
{
   int i=0,a=0;
   while(i<20)
   {
      for(;;)
      {
         if((i%10)==0)
            break;
         else
            i--;
      }
      i+=11;a+=i;
   }
   cout<<a;
}
```

  A. 21　　　　　　　B. 32　　　　　　　　C. 33　　　　　　　　D. 11

60. 下列程序段的执行结果为（   ）。

```
void main()
{
   int  i;
   char j;
   for(i='A';i<'I';i++,i++)
   {
      j=i+32;
      cout<<j;
   }
}
```

  A. 编译通不过，无输出　　　　　　B. aceg

  C. acegi　　　　　　　　　　　　　D. abcdefghi

61. t 为 int 类型，进入下面的循环之前，t 的值为 0

```
while(t=1){…}
```

则以下叙述中正确的是（   ）。

A. 循环控制表达式的值为 0　　　　B. 循环控制表达式的值为 1

C. 循环控制表达式不合法　　　　　D. 以上说法都不对

62. 以下程序的功能是：按顺序读入 10 名学生 4 门课程的成绩，计算出每名学生的平均分，并输出，程序如下：

```cpp
void main()
{
  int n,k;
  float score,sum,ave;
  sum=0.0;
  for(n=1;n<=10;n++)
  {
     for(k=1;k<=4;k++)
     {
        cin>>score;
        sum+=score;
        ave=sum/4.0;
        cout<<"No."<<n<<":"<<ave;
     }
  }
}
```

以上程序运行结果不正确，调试发现有一条语句出现在程序的位置不正确，该语句是（　　　）。

A. sum=0.0;　　　　　　　　　　B. sum+=score;

C. ave=sum/4.0;　　　　　　　　D. cout<<"No. "<<n<<":"<<ave;

63. 下列关于 break 语句的描述中，不正确的是（　　　）。

A. break 语句可用于循环体内，它将退出该重循环

B. break 语句可用于 switch 语句中，它将退出 switch 语句

C. break 语句可用于 if 语句中，它将退出 if 语句

D. break 语句在一个循环体内可以出现多次

64. 以下程序运行的输出结果为（　　　）。

```cpp
void main()
{
  int a=0,i;
  for(i=0;i<5;i++)
  {
     switch(i)
     {
        case 0:
        case 3:a+=2;
        case 1:
        case 2:a+=3;
        default:a+=5;
     }
  }
  cout<<a;
}
```

A. 31   B. 13   C. 10   D. 41

65. 若 i 为整型变量，则以下循环执行的次数为（   ）。

```
for(i=2;i=0;)
cout<<i--;
```

A. 无限次

B. 0 次

C. 1 次

D. 2 次

66. 下列 do...while 循环的循环次数为（   ）。

```
void main()
{
    int i=5;
    do
    {
        cout<<i--<<endl;
        i--;
    }while(i);
}
```

A. 0   B. 1   C. 5   D. 无限

67. 下列 for 循环的次数为（   ）。

```
for(int i=0,x=0;!x&&i<=5;i++);
```

A. 5   B. 6   C. 1   D. 无限

68. 以下程序的输出结果为（   ）。

```
void main()
{
    int a,b;
    for(a=1,b=1;a<=100;a++)
    {
        if(b>=10)
            break;
        if(b%3==1)
        {
            b+=3;
            continue;
        }
    }
    cout<<a;
}
```

A. 101   B. 6   C. 5   D. 4

69. 下列程序执行完后，x 的值是（   ）。

```
int x=0;
for(int k=0;k<90;k++)
    if(k)
        x++;
cout<<x;
```

A. 0   B. 30   C. 89   D. 90

70. 下述关于 break 语句的描述中，(   ) 是不正确的。

    A. break 语句可用于循环体内，它将退出该重循环

    B. break 语句可用于 switch 语句中，它将退出 switch 语句

    C. break 语句可用于 if 体内，它将退出 if 语句

    D. break 语句在一个循环体内可以出现多次

二、项目实战

1. 项目描述

本项目是为了完成对单元三中的架构程序的能力整合而制定的。根据结构化设计程序的方法，培养独立完成编写结构化程序及面向对象程序的初步能力。

内容：完成如下程序设计题目。

（1）编写一个程序，要求用类实现某年的 2 月天数的输出，如图 3-22 所示。

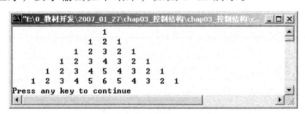

图 3-22　项目调试结果（一）

（2）编写一个程序，要求输出如下结果，如图 3-23 所示。

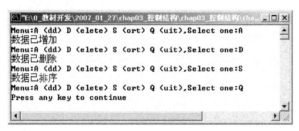

图 3-23　项目调试结果（二）

（3）编写一个程序，实现简单的菜单操作，运行时显示结果如图 3-24 所示。

图 3-24　项目调试结果（三）

2. 项目要求

根据所学的知识，综合单元三的内容，编写程序并调试。

（1）编写出解决上述问题的程序。

（2）根据程序运行的结果分析程序的正确性。

3. 项目评价

项目实训评价表

一	内　　容		评　　价		
一	学 习 目 标	评 价 项 目	3	2	1
职业能力	掌握顺序结构与分支结构的写法	能知道简单的顺序结构的写法			
		能知道分支结构的多种写法			
	掌握循环结构的写法	能书写多种不同的循环结构			
		能灵活运用 3 种程序结构实现不同的算法			
通用能力	阅读能力				
	设计能力				
	调试能力				
	沟通能力				
	相互合作能力				
	解决问题能力				
	自主学习能力				
	创新能力				
综合评价					

评价等级说明表

等　　级	说　　明
3	能高质、高效地完成此学习目标的全部内容，并能解决遇到的特殊问题
2	能高质、高效地完成此学习目标的全部内容
1	能圆满完成此学习目标的全部内容，不需任何帮助和指导

单元四

➡ 函数和作用域

软件公司新招聘的程序员，以前是用 VB 6.0 来开发软件的，在 VB 中是通过通用过程 Sub...End Sub 和 Function...End Function 及事件过程来实现程序的模块化。而在 C++中是用函数来实现模块化的，对此这些程序员还不是很清楚。因此，软件公司安排软件开发部的小刘对这些程序员进行培训，要求他们掌握 C++中的函数来实现程序的模块化。小刘表示要按质按量完成领导布置的任务。

学习目标：

- 了解函数的定义与声明。
- 了解函数的调用。
- 掌握内联函数。
- 掌握存储类型说明与作用域。
- 掌握普通成员函数重载。
- 掌握用函数模板编写程序。

函数和作用域

项目一 用函数实现圆面积的计算

项目描述

软件公司新招聘的程序员对 VB 编程语言的模块化架构程序非常熟悉，一般用通用过程、函数过程、事件过程就可解决，但对 C++的模块化架构程序（函数）不是很清楚。这些程序员要求学习用 C++的函数来编写程序。软件公司要求开发部的小刘负责此项工作。

项目分析

小刘接到项目后，设计了 5 个用 C++函数来实现程序架构的模板，分别从无返回值无参函数、无返回值有参函数、有返回值无参函数、有返回值有参函数、用主函数分别调用 3 个函数这五方面来训练程序员如何选择合适的函数书写格式，考虑到是熟悉函数的基本格式，所以选择了比较简单的算法（计算圆面积）。这 5 个模板的输出结果如图 4-1 所示。

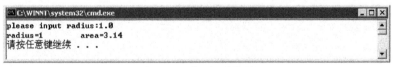

图 4-1　项目调试结果

项目实施

1. 第一种函数的模板是无返回值无参函数

（1）该模板的特点是：直接调用，做完后直接执行后续语句。

（2）要求程序员按照以下的程序架构及注释来编辑源代码。

（3）该程序使用先声明函数，后定义函数的方法。

```cpp
// chap04_lx01_用无返回值无参函数求圆面积.cpp : 定义控制台应用程序的入口点
#include "stdafx.h"
#include "iostream"
using namespace std;
void carea();
const double PI=3.14;   //全局常量
double s,r;             //全局变量
void main()
{
    cout<<"please input radius:";
    cin>>r;
    carea();
    cout<<"radius="<<r<<"\t"<<"area="<<s<<endl;
}
void carea()
{
    s=PI*r*r;
}
```

2. 第二种函数的模板是无返回值有参函数

（1）该模板的特点是：通过有参函数可以实现灵活输入。

（2）要求程序员按照以下的程序架构及注释来编辑源代码。

（3）该程序使用先声明函数，后定义函数的方法。

```cpp
// chap04_lx02_无返回值有参.cpp : 定义控制台应用程序的入口点
#include "stdafx.h"
#include "iostream"
using namespace std;
void carea(double m);   //m为形参(局部变量)
const double PI=3.14;   //全局常量
double s;               //全局变量
void main()
{
    double r;               //局部变量
    cout<<"please input radius:";
    cin>>r;
    carea(r);               //将r作为实参传入函数
    cout<< "radius="<<r<<"\t"<<"area="<<s<<endl;
}
void carea(double m)    //m为形参(局部变量)
{
    s=PI*m*m;
}
```

3. 第三种函数的模板是有返回值无参函数

（1）该模板的特点是：将算法的结果返回到调用处。

（2）要求程序员按照以下的程序架构及注释来编辑源代码。

（3）该程序使用先声明函数，后定义函数的方法。

```cpp
// chap04_lx03_有返回值无参.cpp：定义控制台应用程序的入口点
#include "stdafx.h"
#include "iostream"
using namespace std;
double carea();
const double PI=3.14;        //全局常量
double r;                    //全局变量
void main()
{
  cout<<"please input radius:";
  cin>>r;
  cout<<"radius="<<r<<"\t"<<"area="<<carea()<<endl;
}
double carea()
{
  double s;                  //局部变量
  s=PI*r*r;
  return s;
}
```

4. 第四种函数的模板是有返回值有参函数

（1）该模板的特点是：可以灵活地输入，并且将结果返回到调用处。

（2）要求程序员按照以下的程序架构及注释来编辑源代码。

（3）该程序使用先声明函数，后定义函数的方法。

```cpp
// chap04_lx04_有返回值有参.cpp：定义控制台应用程序的入口点
#include "stdafx.h"
#include "iostream"
using namespace std;
double carea(double m);
const double PI=3.14;        //全局常量
void main()
{
  double r;                  //局部变量
  cout<<"please input radius:";
  cin>>r;
  cout<<"radius="<<r<<"\t"<<"area="<<carea(r)<<endl;
}
double carea(double m)
{
  double s;                  //局部变量
  s=PI*m*m;
  return s;
}
```

5. 第五种函数的模板是主函数调用 3 个函数

（1）该模板的特点是：用主函数分别调用 3 个函数（输入函数、处理函数、输出函数）。

（2）要求程序员按照以下的程序架构及注释来编辑源代码。

（3）该程序使用先声明函数，后定义函数的方法。

```cpp
// chap04_lx05_主函数调用输入、处理、输出三个函数.cpp：定义控制台程序入口点
```

```
#include "stdafx.h"
#include "iostream"
using namespace std;
void input();
double carea(double m);
void output();
const double PI=3.14;        //全局常量
double r;                    //全局变量
void main()
{
  input();
  output();
}
void input()
{
  cout << "please input radius:";
  cin >> r;
}
double carea(double m)
{
  double s;                  //局部变量
  s=PI*m*m;
  return s;
}
void output()
{
  cout<<"radius="<<r<<"\t"<<"area="<<carea(r)<<endl;
}
```

项目二　函数参数的不同传递形式

项目描述

　　软件公司新招聘的程序员对 C++的函数的参数是如何传递不是很清楚，这些程序员想要理解函数参数的不同传递形式。软件公司要求开发部的小刘负责此项工作。

项目分析

　　小刘接到项目后，设计了函数参数的 3 种不同传递形式来实现算法的模板，分别从按值传递、按地址传递、按引用传递这三方面来训练程序员如何选择合适的函数参数的传递形式，考虑到是熟悉函数参数的不同传递形式，所以选择了比较简单的算法（观察函数调用前后形参和实参值是否变化）。

项目实施

1．第一种函数的模板是按值传递

　　（1）该模板的特点是：形参改变，实参不变。

　　（2）该程序使用先声明函数，后定义函数的方法。

　　（3）告知程序员该项目调试的结果，如图 4-2 所示。

图 4-2　项目调试结果

（4）要求程序员按照以下的程序架构及注释来编辑源代码

```cpp
// chap04_lx08_按值传递实现两个数交换.cpp : 定义控制台应用程序的入口点
#include "stdafx.h"
#include "iostream"
using namespace std;
void change(int x,int y);
int main()
{
    int a,b;
    a=100;
    b=200;
    cout<<"函数调用前: a="<<a<<"\t"<<"b="<<b<<endl;
    change(a,b);
    cout<<"函数调用后: a="<<a<<"\t"<<"b="<<b<<endl;
    return 0;
}
void change(int x,int y)
{
    int temp;
    temp=x;
    x=y;
    y=temp;
}
```

2. 第二种函数的模板是按地址传递

（1）该模板的特点是：形参改变，实参也变。

（2）该程序使用先声明函数，后定义函数的方法。

（3）告知程序员该项目调试的结果，如图 4-3 所示。

图 4-3　项目调试结果

（4）要求程序员按照以下的程序架构及注释来编辑源代码。

```cpp
// chap04_lx09_按地址传递实现两个数交换.cpp : 定义控制台应用程序的入口点
#include "stdafx.h"
#include "iostream"
using namespace std;
void change(int *x,int *y);   //int *x=&a;   int *y=&b;
int main()
{
    int a,b;
    a=100;
    b=200;
    cout<<"函数调用前: a="<<a<<"\t"<<"b="<<b<<endl;
```

```
        change(&a,&b);
        cout<<"函数调用后: a="<<a<<"\t"<<"b="<<b<<endl;
        return 0;
}
void change(int *x,int *y)
{
        int temp;
        temp=*x;
        *x=*y;
        *y=temp;}
```

（5）巩固练习：用求矩形面积实验按址传递，告知程序员该项目调试结果，如图4-4所示。

图4-4 "项目调试结果示意图"

（6）要求程序员按照以下的程序架构及注释来编辑源代码

```cpp
// chap04_lx00_shiyan.cpp : 定义控制台应用程序的入口点。
#include "stdafx.h"
#include "iostream"
using namespace std;
class Rectangle
{
    private:
        double width,height,rectArea;
    public:
        void inputRectWH(double w,double h);
        void inputWH(double *w,double *h);
        bool judgeWH();
        double calcRectArea();
        void outputRectArea();
};
void Rectangle::inputRectWH(double w,double h)
{
    width=w;
    height=h;
}
void Rectangle::inputWH(double *w,double *h)
{
    *w*=-1;
    *h*=-1;
}
bool Rectangle::judgeWH()
{
    if(width>=0 && height>=0)
    {
        return true;
    }
```

```
        else
        {
            return false;
        }

}
double Rectangle::calcRectArea()
{
    rectArea=width*height;
    return rectArea;
}
void Rectangle::outputRectArea()
{
    if(judgeWH())
    {
        cout<<"\n 矩形的长是: "<<width<<endl;
        cout<<"矩形的宽是: "<<height<<endl;
        cout<<"矩形的面积是: "<<calcRectArea()<<endl<<endl;
    }
    else
    {
        cout << "\n 矩形的长和宽不能小于零，请重新输入!!!"<<endl<<endl;
        inputWH(&width,&height);
        cout<<"\n 矩形的长是: "<<width<<endl;
        cout<<"矩形的宽是: "<<height<<endl;
        cout<<"矩形的面积是: "<<calcRectArea()<<endl<<endl;
    }
}
void main()
{
    Rectangle r;
    double width,height;         //局部变量
    cout<<"请输入矩形的宽: ";
    cin>>width;
    cout<<"请输入矩形的高: ";
    cin>>height;
    r.inputRectWH(width,height);
    r.outputRectArea();
}
```

3. 第三种函数的模板是按引用传递

（1）该模板的特点是：形参改变，实参也变。

（2）该程序使用先前向声明函数，后定义函数的方法。

（3）告知程序员该项目调试的结果，如图 4-5 所示。

图 4-5　项目调试结果

（4）要求程序员按照以下的程序架构及注释来编辑源代码。

```
// chap04_1x10_按引用传递实现两个数交换.cpp : 定义控制台应用程序的入口点
#include "stdafx.h"
```

```
#include "iostream"
using namespace std;
void change(int &x,int &y);
int main()
{
    int a,b;
    a=100;
    b=200;
    cout<<"函数调用前: a="<<a<<"\t"<<"b="<<b<<endl;
    change(a,b);
    cout<<"函数调用后: a="<<a<<"\t"<<"b="<<b<<endl;
    return 0;
}
void change(int &x,int &y)
{
    int temp;
    temp=x;
    x=y;
    y=temp;
}
```

（5）巩固练习：用按引用传递实现矩形面积的计算，告知程序员该项目调试的结果，如图 4-6 所示。

图 4-6　项目调试结果

（6）要求程序员按照以下的程序架构及注释来编辑源代码

```
// chap04_lx00_shiyan.cpp : 定义控制台应用程序的入口点
#include "stdafx.h"
#include "iostream"
using namespace std;
class Rectangle
{
    private:
        double width,height,rectArea;
    public:
        void inputRectWH(double w,double h);
        void inputWH(double &w,double &h); //该函数的形参为引用名
        bool judgeWH();
        double calcRectArea();
        void outputRectArea();
};
void Rectangle::inputRectWH(double w,double h)
{
    width=w;
    height=h;
}
```

```cpp
//形参w,h改变，实参width与height也改变
void Rectangle::inputWH(double &w,double &h)
{
    w*=-1;
    h*=-1;
}
bool Rectangle::judgeWH()
{
    if(width>=0&&height>=0)
    {
        return true;
    }
    else
    {
        return false;
    }
}
double Rectangle::calcRectArea()
{
    rectArea=width*height;
    return rectArea;
}
void Rectangle::outputRectArea()
{
    if(judgeWH())
    {
        cout<<"\n矩形的长是: "<<width<<endl;
        cout<<"矩形的宽是: "<<height<<endl;
        cout<<"矩形的面积是: "<<calcRectArea()<<endl<<endl;
    }
    else
    {

        cout<<"\n矩形的长和宽不能小于零，请重新输入!!!"<<endl<<endl;
        inputWH(width,height);
//将实参width,height传递给形参w,h,等价于( double &w=width; double &h=height; )
cout<<"\n矩形的长是: "<<width<<endl;
        cout<<"矩形的宽是: "<<height<<endl;
        cout<<"矩形的面积是: "<<calcRectArea()<<endl<<endl;
    }
}
void main()
{
    Rectangle r;
    double width,height;          //局部变量
    cout<<"请输入矩形的宽: ";
    cin>>width;
    cout<<"请输入矩形的高: ";
    cin>>height;
    r.inputRectWH(width,height);
    r.outputRectArea();
}
```

项目三　函数的默认参数

项目描述

软件公司新招聘的程序员对 C++ 的函数的默认参数是如何使用的不是很清楚，这些程序员想要了解函数默认参数的概念及如何使用。软件公司要求开发部的小刘负责此项工作。

项目分析

小刘接到项目后，设计了函数形参及调用的几种不同模板，训练程序员如何选择合适的函数的默认参数，考虑到是熟悉函数的默认参数，所以选择了比较简单的算法。

项目实施

1. 让程序员明确定义形参的 3 种情况（假设有 3 个实参）

（1）返回类型　函数名(int a,int b,int c=3);

（2）返回类型　函数名(int a,int b=2,int c=3);

（3）返回类型　函数名(int a=1,int b=2,int c=3);

2. 让程序员明确调用函数及传递参数的 6 种情况（假设有 3 个实参）

（1）函数名();

（2）函数名(实参1);

（3）函数名(实参1, 实参2);

（4）函数名(实参1, 实参2, 实参3);

（5）函数名(实参1,, 实参3);（这种调用是错误的）

（6）函数名(,, 实参3);（这种调用是错误的）

3. 让程序员参考以下 4 种范例（注释中是其所代表的实际调用语句）

（1）范例1：

```
int add(int a=1,b=2,c=3);
add();              //add(1,2,3);
add(6);             //add(6,2,3);
add(6,7);           //add(6,7,3)
add(6,7,8);         //add(6,7,8)
```

（2）范例2：

```
int add(int a,b=2,c=3);
add(6);             //add(6,2,3);
add(6,7);           //add(6,7,3)
add(6,7,8);         //add(6,7,8)
```

（3）范例3：

```
int add(int a,b,c=3);

add(6,7);           //add(6,7,3)
add(6,7,8);         //add(6,7,8)
```

（4）范例4：

```
int add(int a,b,c);
add(6,7,8);          //add(6,7,8)
```

4. 用函数参数的默认值实现三角形面积的计算

（1）告知程序员该项目调试的结果，如图4-7所示。

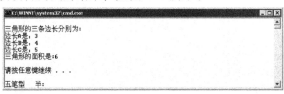

图 4-7　项目调试结果

（2）要求程序员按照以下的程序架构1及注释来编辑源代码

```
//程序架构1:
// chap04_1x00_shiyan.cpp : 定义控制台应用程序的入口点。
#include "stdafx.h"
#include "iostream"
#include "math.h"
using namespace std;
class Triangle
{
  private:
      double sideA,sideB,sideC,s,triangleArea;
  public:
      void inputTriSide(double a=3.0,double b=4.0,double c=5.0);
      //函数前向声明时函数的形参设置为默认值
      bool judgeNumber();
      bool judgeSide();
      double calcTriArea();
      void outputTriArea();
};
void Triangle::inputTriSide(double a,double b,double c)//函数定义时,形参
                                                      //默认值省略
{
  sideA=a;
  sideB=b;
  sideC=c;
}
bool Triangle::judgeNumber()
{
  if( sideA>=0&&sideB>=0&&sideC>=0)
  {
    return true;
  }
  else
  {
    return false;
  }
}
bool Triangle::judgeSide()
{
```

```
    if( (sideA+sideB)>sideC&&(sideB+sideC)>sideA&&(sideC+sideA)>sideB )
    {
      return true;
    }
    else
    {
      return false;
    }
}
double Triangle::calcTriArea()
{
  s=(sideA+sideB+sideC)/2;
  triangleArea=sqrt(s*(s-sideA)*(s-sideB)*(s-sideC));
  return triangleArea;
}
void Triangle::outputTriArea()
{
  if(judgeNumber())
    {
    if(judgeSide())
      {
        cout<<"\n 三角形的三条边长分别为:"<<endl;
        cout<<"边长 A 是: "<<sideA<<endl;
        cout<<"边长 B 是: "<<sideB<<endl;
        cout<<"边长 C 是: "<<sideC<<endl;
        cout<<"三角形的面积是:"<<calcTriArea()<<endl<<endl;
      }
      else
      {
        cout<<"\n 三角形的三边中任意两边之和要大于第三边才能构成三角形! ! ! "
        << endl << endl;
      }
    }
    else
    {
      cout<<"\n 三角形的三条边不能小于零! ! ! "<<endl<<endl;
    }
}
void main()
{
    Triangle tri;
    tri.inputTriSide();
    tri.outputTriArea();
}
```

（3）要求程序员按照以下的程序架构 2 及注释来编辑源代码

```
//程序架构 2:
// chap04_1x12_用函数参数的默认值实现三角形面积的计算.cpp:定义控制台应用程序的入口点
#include "stdafx.h"
#include "iostream"
#include "math.h"
using namespace std;
void input();
bool judge(double a=3,double b=4 ,double c=5);
double suanfa();
```

```cpp
void output();
double s,x,y,z;
void main()
{ char ch;
   do
   {
      input();
      output();
      cout << "\n请问是否要继续输入(Y/N)?";
      cin >> ch;
   }while(ch=='y'||ch=='Y');
}
void input()
{
   cout<<"请输入x  y  z(中间用空格分隔):";
   cin>>x>>y>>z;
}
bool judge(double a,double b,double c)
{
   if( (a+b)>c && (b+c)>a && (c+a)>b )
   {
      return true;
   }
   else
   {
      return false;
   }
}
double suanfa()
{
   double tarea;
   s=(x+y+z)/2;
   tarea=sqrt(s*(s-x)*(s-y)*(s-z));
   return tarea;
}
void output()
{
   if(judge(x,y,z))
   {
      cout<<"边长x:"<<x<<",\t边长y:"<<y<<",\t边长z:" <<z<<
         "\t的三角形面积是:" <<suanfa()<<endl;
   }
   else
   {
      cout<<"不满足三角形的条件(任意两边之和必须大于第三边)!!!"<<endl;
   }
}
```

项目四　函数的作用域

项目描述

　　软件公司新招聘的程序员对 C++的函数的作用域不是很清楚，这些程序员想要了解函数

作用域对变量的影响。软件公司要求开发部的小刘负责此项工作。

（项目分析）

小刘接到项目后，先教会程序员明确不同变量的作用域，再通过具体实例使程序员巩固其对函数作用域的理解，考虑到是熟悉函数的作用域，所以选择了比较简单的算法。

（项目实施）

1. 告知不同变量的作用域

（1）auto 自动变量 int a=1;　　　等价于　　auto int a=1;。

（2）全局变量（书写在整个程序之上，头文件之下),调用时用"::变量名"。全局变量有默认值，int 为 0, double 为 0.0,可以不初始化。

（3）局部变量（函数内的变量，块内变量，形参），调用时用变量名。局部变量无默认值，所以一定要声明后初始化。

（4）static 静态变量(空间保留，数据在里面连续计算) 调用时用"::"，静态变量有默认值，int 为 0, double 为 0.0,可以不初始化。

（5）extern 外部变量（其他文件可见）。

（6）register 寄存器变量（放入 CPU 中的寄存器中，加快读写速度）。

2. 告知程序员该项目调试的结果（见图 4-8）

```
C:\WINNT\system32\cmd.exe
a:0 b:-10 n:1
a:4 b:10 n:13
a:0 b:-6 n:13
a:6 b:10 n:35
请按任意键继续 . . .
```

图 4-8　项目调试结果

要求程序员按照以下的程序架构及注释来编辑源代码。

```cpp
// chap04_lx12_作用域.cpp : 定义控制台应用程序的入口点
#include "stdafx.h"
#include "iostream"
using namespace std;
void func();
int n=1;
void main( )
{
  static int a;
  int b=-10;              //b=-10
  cout<<" a:"<<a          //a=0
    <<" b:"<<b            //b=-10
    <<" n:"<<n<<endl;     //n=1
  b+=4;                   //b=-6
  func( );
  cout<<" a:"<<a          //a=4?  0?
    <<" b:"<<b            //b=-6
    <<" n:"<<n<<endl;     //n=13?
  n+=10;                  //n=23
  func( );
```

```
}
void func( )
{
  static int a=2;    //a=2
  int b=5;           //b=5
  a+=2;              //a=4
  n+=12;             //n=13
  b+=5;              //b=10
  cout<<" a:"<<a
    <<" b:"<<b
    <<" n:"<<n<<endl;
}
```

项目描述

　　软件公司新招聘的程序员以前是用 VB 做软件开发的，对 C++中函数的递归调用不是很清楚。这些程序员想要了解到底什么情况下才用递归调用。软件公司要求开发部的小刘负责此项工作。

项目分析

　　小刘接到项目后，先教会程序员明确什么是递归，再通过两个具体实例的比较（一个用非递归，一个用递归）使其明确何时用递归，以及递归的好处，考虑到是熟悉函数的递归调用，所以选择了比较简单的算法。

项目实施

1. 告知函数的递归调用的分类及组成

（1）函数的递归调用分直接递归调用、间接递归调用。

（2）函数的递归调用是由递推与回归两部分组成。

2. 要求程序员实验非递归法求 n 的阶乘

（1）告知程序员该项目调试的结果：如果 n=5,则 n!=1*2*3*4*5=120。

（2）要求程序员按照以下的程序架构及注释来编辑源代码。

```
// chap04_15_求 n 的阶乘.cpp : 定义控制台应用程序的入口点
#include "stdafx.h"
#include "iostream"
using namespace std;
long long myfunc(int m);
int main()
{
  int n;
  cout<<"please input n:";
  cin>>n;
  cout<<"1*2*...*"<<n<<"="<<myfunc(n)<<endl;
  return 0;
}
long long myfunc(int m)
```

```
{
    int s=1;
    for(int i=1;i<=m;i++)
    {
        s*=i;
    }
    return s;
}
```

可以看出以上程序是用循环结构实现的。

3. 要求程序员实验递归法求 n 的阶乘

（1）告知程序员该项目调试的结果：如果 n=5,则 n!=1*2*3*4*5=120。

（2）要求程序员按照以下的程序架构及注释来编辑源代码。

```
// chap04_lx16_用递归实现求 n 的阶乘.cpp ：定义控制台应用程序的入口点
#include "stdafx.h"
#include "iostream"
using namespace std;
long long f(int n);
void main()
{
    int n;
    cout<<"please input n:"<<endl;
    cin>>n;
    cout<<"n!="<<f(n)<<endl;
}
long long f(int n)
{
    if(n<0)
    {
        cout<<"Negative argument to fact!"<<endl;
        return(-1);
    }
    else if(n<=1)
    {
        return(1);
    }
    else
    {
        return (n*f(n-1));
    }
}
```

可以看出以上程序没用循环结构，而是用一个多条件分支结构结合函数递归调用就实现了与上例相同的效果。

项目六　内联函数

项目描述

软件公司新招聘的程序员以前是用 VB 做软件开发的，对 C++中的内联函数不是很清楚。这些程序员想要了解到底什么情况下才用内联函数。软件公司要求开发部的小刘负责此项工作。

 **项目分析**

小刘接到项目后，先教会程序员明确内联函数的特点及其调用机制，再通过一个具体实例使其明确何时用内联函数，以及内联函数的好处。

 **项目实施**

1. 告知内联函数的特点

（1）关键字：inline；

（2）算法简单；

（3）经常调用；

（4）效率高。

2. 告知内联函数的运行机制

（1）不产生调用；

（2）调用时直接将函数体嵌入调用处，从而提高效率。

3. 要求程序员用求绝对值的算法实验内联函数

（1）告知程序员该项目调试的结果，如图4-9所示。

图4-9 项目调试结果

（2）要求程序员按照以下的程序架构及注释来编辑源代码。

```cpp
// chap04_lx17_inline.cpp : 定义控制台应用程序的入口点
#include "stdafx.h"
#include "iostream"
using namespace std;
inline int abs(int x)
{
    return x<0?-x:x;
}
void main()
{
    int a,b=3,c,d=-4;
    a=abs(b);
    c=abs(d);
    cout<<"a="<<a<<",c="<<c<<endl;
}
```

项目七 文件的作用域

 **项目描述**

软件公司新招聘的程序员以前是用 VB 做软件开发的，对 C++ 中 extern 关键字在文件的作用域中的使用不是很清楚。这些程序员想要了解 extern 在多文件之中是如何使用的。软件公司要求开发部的小刘负责此项工作。

单元四 函数和作用域

项目分析

小刘接到项目后，先教会程序员明确 extern 的含义，再通过一个具体实例使其明确何时用 extern 来扩展其作用域的范围。

项目实施

1. 告知 extern 的特点

（1）extern 放在变量或常量之前

（2）使变量或常量在其他文件可见。

2. 要求程序员用简单的算法实验文件的作用域

（1）告知程序员该项目调试的结果，如图 4-10 所示。

```
attachFile: AA,BB=5,8
attachFile: CC,DD=120,230
x*x=225
mainFile: AA,BB=5,8
mainFile: CC,DD=120,230
xk9:x=10
160
请按任意键继续 . . . _
```

图 4-10　项目调试结果

（2）要求程序员按照以下的程序架构及注释来编辑源文件 1。

```cpp
#include "iostream"
using namespace std;
int xk8(int n);              //函数 xk8 的原型声明
extern int AA;               //全局变量 AA 的声明
extern const int BB;         //全局常量 BB 的声明
static int CC=120;           //定义文件域变量 CC
const int DD=230;            //定义文件域常量 DD
int xk8(int n)               //n 的作用域为 xk8 函数体
{
   cout<<"attachFile: AA,BB="<<AA<<','<<BB<<endl;
   cout<<"attachFile: CC,DD="<<CC<<','<<DD<<endl;
   return n*n;
}
```

（3）要求程序员按照以下的程序架构及注释来编辑源文件 2。

```cpp
// chap04_1x18_文件作用域.cpp ：定义控制台应用程序的入口点
#include "stdafx.h"
#include "iostream"
#include "myfile.h"
using namespace std;
int xk8(int n);              //函数 xk8 的原型声明
int xk9(int n);              //函数 xk9 的原型声明
int AA=5;                    //定义全局变量 AA
extern const int BB=8;       //定义全局常量 BB
//static int CC=12;          //定义文件域变量 CC
//const int DD=23;           //定义文件域常量 DD
void main()
{
int x=15;                    //x 的作用域为主函数体
   cout<<"x*x="<<xk8(x)<<endl;
```

```
    cout<<"mainFile: AA,BB="<<AA<<','<<BB<<endl;
    cout<<"mainFile: CC,DD="<<CC<<','<<DD<<endl;
    cout<<xk9(16)<<endl;
}
int xk9(int n)                //n 的作用域为 xk9 函数体
{
    int x=10;                //x 的作用域为 xk9 函数体
    cout<<"xk9:x="<<x<<endl;
    return n*x;
}
```

项目八　函数的重载

项目描述

　　软件公司新招聘的程序员以前是用 VB 做软件开发的，对 C++中如何用函数重载来提高程序效率不是很清楚。这些程序员想要了解函数的重载是如何使用的。软件公司要求开发部的小刘负责此项工作。

项目分析

　　小刘接到项目后，先教会程序员明确函数的重载的特点，再通过一个具体实例使其明确何时用函数重载来提高程序的效率。

项目实施

1. 告知函数的重载的含义及特点

（1）函数的重载使得一个函数能实现多种功能。

（2）函数的重载能节省内存。

2. 函数的重载的 4 种类别

（1）同名函数，参数个数相同，参数类型不同。

（2）同名函数，参数类型相同，参数个数不同。

（3）同名函数，参数类型不同，参数个数不同。

（4）同名函数，参数类型相同，参数个数相同，返回类型不同,这不是函数重载（二义性错误）。

3. 要求程序员用简单的算法实验函数的重载

（1）告知程序员该项目调试的结果，如图 4-11 所示。

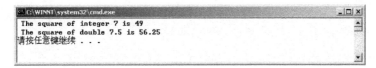

图 4-11　项目调试结果

（2）要求程序员按照以下的程序架构及注释来编辑源文件。

```
// chap04_lx19_函数重载示范.cpp : 定义控制台应用程序的入口点
#include "stdafx.h"
```

```
#include "iostream"
using namespace std;
int square(int x)
{
    return x*x;
}
int square(int x,int y)
{
    return x*y;
}
double square(double y)
{
    return y*y;
}
int main()
{
    cout<<" The square of integer 7 is "<<square(7)<<endl;
    cout<<" The square of double 7.5 is "<<square(7.5)<<endl;
    return 0;
}
```

4. 要求程序员用函数重载实现一元二次方程的根的计算

（1）告知程序员该项目调试的结果，如图 4-12 所示。

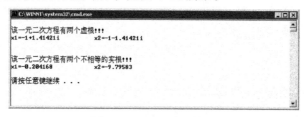

图 4-12　项目调试结果

（2）要求程序员按照以下的程序架构及注释来编辑源文件

```
// chap04_lx00_shiyan.cpp : 定义控制台应用程序的入口点。
#include "stdafx.h"
#include "iostream"
#include "math.h"
using namespace std;
class Equation
{
    private:
        double a,b,c;
        double m,n;
        double p,q;
        double x1,x2;
    public:
        void inputVar(double x)
        {
            a=x;
        }
        void inputVar(double x,double y)
        {
            a=x;
            b=y;
```

```cpp
}
void inputVar(double x,double y,double z)
{
    a=x;
    b=y;
    c=z;
}
void inputVar(int x,int y,int z)
{
    a=x;
    b=y;
    c=z;
}
//以上 4 个函数为函数重载
bool judgeA()
{
    if(abs(a)<=1e-6)
    {
        return false;
    }
    else
    {
        return true;
    }
}
void calc()
{
    m=b*b-4*a*c;
    n=sqrt(abs(m));
    p=(-b)/(2*a);
    q=n/(2*a);
}
void outputRoot()
{
    calc();
    if(judgeA())
    {
        if (m>0)
        {
            x1=p+q;
            x2=p-q;
            cout<< "\n该一元二次方程有两个不相等的实根!!!"<<endl;
            cout<< "x1=" <<x1<< "\t\t" <<"x2=" << x2 << "\n" <<endl;
        }
        else if (abs(m)<=1e-6)
        {
            x1=x2=p;
            cout<<"\n该一元二次方程有两个相等的实根!!!"<<endl;
            cout<<"x1=" <<x1<< "\t\t" << "x2=" <<x2<<"\n" <<endl;
        }
        else
        {
            cout<< "\n该一元二次方程有两个虚根!!!" << endl;
            cout<< "x1="<<p<<"+"<<q<<"i"<<"\t\t"<<"x2="
                <<p<< "-"<<q<<"i"<<"\n"<<endl;
```

```
            }
        }
        else
        {
            cout <<"这不是一元二次方程，a 不能等于零!!!"<<endl;
        }
    }
};
void main()
{
    Equation eq1;
    eq1.inputVar(1.0,2.0,3.0);
    eq1.outputRoot();
    Equation eq2;
    eq2.inputVar(1,10,2);
    eq2.outputRoot();
}
```

项目九　函数模板

项目描述

　　软件公司新招聘的程序员以前是用 VB 做软件开发的，对 C++中如何用函数模板来提高程序效率不是很清楚。这些程序员想要了解函数模板是如何使用的。软件公司要求开发部的小刘负责此项工作。

项目分析

　　小刘接到项目后，先教会程序员明确函数模板的特点，再通过一个具体实例使其明确何时用函数模板来提高程序的效率。

项目实施

1. 告知函数模板的含义及特点

（1）函数模板使得一个函数能实现多种功能。

（2）关键字：template <typename 类型名 1,typename 类型名 2,…,typename 类型名 n>

2. 告知程序员该项目调试的结果（见图 4-13）

图 4-13　项目调试结果

3. 要求程序员按照以下的程序架构及注释来编辑源文件

```
// chap04_lx21_函数模板.cpp ：定义控制台应用程序的入口点
#include "stdafx.h"
#include "iostream"
using namespace std;
template <typename T1,typename T2>
T1 area(T1 w,T2 h)
```

```
{
    return (w*h);
}
void main()
{
    cout<<area(3,4.2)<<endl;
    cout<<area(4.2,3)<<endl;
}
```

相关知识与技能

一、函数的基本概念

（1）函数名（ 自定义 input() calcCircleArea()系统定义 sqrt() abs() ）。

（2）函数的返回类型（void int double bool char * string）(return)。

（3）函数的形参(不要和类中的成员或一般变量重名) (局部变量) (出现在函数的声明和定义中)。

（4）函数的实参(可用变量或常量)(实参类型与形参类型要一致) (出现在函数的调用中)。

（5）函数的前向声明(或称为函数的原型) (结束加分号):

```
int  add(int a,int b);
```

（6）函数的后向定义(无分号结束)(有一对花括号)(包含算法):

```
int add(int a,int b)
{
    return  a+b;
}
```

（7）函数的调用（函数名，括号中写实参）(一般写在主函数中)

```
add(3,4);
```

（8）函数定义如写在主函数之前，无须前向说明。

二、函数的特点

（1）C++中的每一个函数都是从四方面来进行定义：类型、函数名、形式参数表和函数体。定义一个函数的语法格式为：

<类型名> <函数名> ([<参数表>]) <函数体>

（2）void 类型无 return,其他数据类型要写 return。

（3）函数声明也称函数模型（或函数原型）。在主调函数中，如果要调用另一个函数，则须在本函数或本文件的开头将要被调用的函数事先进行声明。声明函数，就是告诉编译器函数的返回类型、名称和形参表构成，以便编译系统对函数的调用进行检查。

（4）在 C++中，除了主函数 main()由系统自动调用外，其他函数都是由主函数直接或间接调用的。函数调用的语法格式为：

函数名（实际参数表）；

（5）调用函数时的参数称为实际参数或实参。调用函数时，被调函数名后跟实参表。

（6）函数调用时的参数传递分为按值传递、按地址传递、按引用传递。

● 按值传递: void add(int x,int y);   add(a,b)   形参改变,实参不变。

- 按址传递: void add(int *x,int *y);　　　add(&a,&b)　　　形参改变,实参改变。
- 按引用传递: void add(int &x,int &y);　　　add(a,b)　　　形参改变,实参改变。

（7）默认参数就是在调用函数时可以省略实参。当函数既有声明又有定义时，默认参数在函数声明中定义，函数定义中不允许使用默认参数。

- void add(int x,int y,int z=3);　　add(1,2);　　add(1,2,3);
- void add(int x,int y=2,int z=3);　　add((1);　　add(1,2);　　add(1,2,3);
- void add(int x=1,int y=2,int z=3); add()　　add((1);　　　add(1,2);　　add(1,2,3);

（8）递归的实现(递推和回归)：需有完成函数任务的语句（递推公式）；一个能结束递归的语句；一个递归调用语句；先测试，后递归调用。

（9）内联扩展（inline expansion）简称为内联（inline），内联函数也称为内嵌函数。如果在一个函数的定义或声明前加上关键字 inline，就把该函数定义为内联函数。引入内联函数的目的是为了解决程序中函数调用的效率问题。

三、存储类型与局部变量

1．存储类型

（1）自动存储类型（局部型）；

（2）外部存储类型（全局型）；

（3）静态存储类型；

（4）寄存器存储类型。

2．静态局部变量的特点

（1）静态局部变量在定义它的函数内部是可见的，只能被定义它的函数使用。

（2）静态局部变量存放在内存的全局数据区，静态局部变量一经定义不会再次分配存储空间，也不会自行消失，直到程序运行结束，这一点与全局变量相同。

（3）静态局部变量默认初始值为 0，也可专门初始化，这一点又与全局变量相同。

C++编译器将用 register 说明的变量的值存放在 CPU 的寄存器中，而不是存储器中。通常将程序中使用频率最高的变量声明为 register 存储类型变量，如用于循环控制。

C++的作用域分为：全局作用域、文件作用域、函数作用域、块作用域。

四、重载与函数模板

（1）函数重载：一种情况为函数参数个数不同，一种情况为函数参数类型不同。

（2）所谓模板是一种使用无类型参数来产生一系列函数或类的机制，是 C++的一个重要特性。它的实现，方便了更大规模的软件开发。

- 模板是以一种完全通用的方法来设计函数或类而不必预先说明将被使用的每个对象的类型。通过模板可以产生类或函数的集合，使它们操作不同的数据类型，从而避免需要为每一种数据类型产生一个单独的类或函数。
- 函数模板的一般说明形式如下：

```
template <模板形参表>
<返回值类型> <函数名>（模板函数形参表）
{
    //函数定义体
}
```

其中，<模板形参表>可以包含基本数据类型，也可以包含类类型。类型形参需要加前缀 class。如果类型形参多于一个，则每个类型形参都要使用 class。<模板函数形参表>中的参数必须是唯一的，而且在<函数定义体>中至少出现一次。

拓展与提高

结构化程序设计的思路(自顶向下,逐步求精,模块化)

（1）结构化程序设计思路如图 4-14 所示。

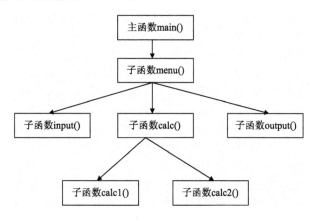

图 4-14　结构化程序设计思路

（2）代码示例：

```cpp
// chap04_lx00_demo.cpp ：定义控制台应用程序的入口点
#include "stdafx.h"
#include "iostream"
using namespace std;
#include "stdlib.h"
#include "math.h"
void menu();
void input();
void calc();
void output();
double s,a,b,c,area;
void main()
{ menu();
}
void menu()
{
    char ch;
    do
    {
        cout<<"\n\n\t\t 计算三角形面积"<<endl;
        cout<<"\n\t"<<"1.输入"<<"\t"<<"2.计算"<<"\t"<<"3.输出"<<"\t"<<"4.退
            出"<<endl;
        cout << "\n\t" << "请输入您的选择(1～4):";
        cin >> ch;
        switch(ch)
        {
            case '1':
```

```
            input();
            break;
        case '2':
            calc();
            break;
        case '3':
            output();
            break;
        case '4':
            exit(0);
        default:
            cout<<"\n您输入的选择必须在-4之间！！"<<endl;
        }
        system("pause");
        system("cls");
    }while(ch!=4);
}
void input()
{
    cout<<"\n\n请输入三角形的三边(中间用空格分隔):";
    cin>>a>>b>>c;
    if(a<=0||b<=0||c<=0)
    {
        cout<<"\n三角形的三条边都必须大于!!!"<<endl;
    }
    if((a+b)<=c||(b+c)<=a||(c+a)<=b)
    {
        cout<<"\n三角形的任意两边之和必须大于第三边,请重新输入！！"<<endl;
        input();
    }
}
void calc()
{
    s=(a+b+c)/2;
    area=sqrt(s*(s-a)*(s-b)*(s-c));
}
void output()
{
    cout<<"\n三角形的三条边长分别是: "<<endl;
    cout<<"a="<<a<<"\t"<<"b="<<b<<"\t"<<"c="<<c<<endl;
    cout<<"三角形的面积是: "<<endl;
    cout<<"area=" << area<<endl;
}
```

从以上实例可以明确主函数与子函数之间的关系。

实训操作

一、实训目的

本项目是为了完成对单元四的能力整合而制定的。根据函数和作用域的概念，培养独立完成编写不同函数的能力。

二、实训内容

要求完成如下程序设计题目。

（1）用函数实现三角形面积的计算，如图 4-15 所示。

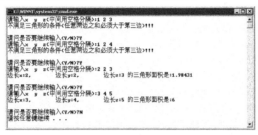

图 4-15　项目调试结果

（2）用函数实现 1+2+3+⋯+n，如图 4-16 所示。

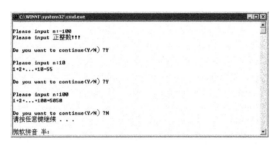

图 4-16　项目调试结果示意图

（3）用引用实现累加求和，如图 4-16 所示。

（4）用函数实现三角形面积的计算，如图 4-17 所示。

（a）项目调试结果（一）

图 4-17　项目调试结果

（b）项目调试结果（二）

图 4-17 项目调试结果（续）

三、实训要求

根据所学的知识，综合单元四的内容，编写程序并调试。

（1）编写出解决上述问题的程序。

（2）根据程序运行的结果分析程序的正确性。

四、程序代码

（略，要求学生独立完成）

小　结

本单元首先介绍了函数的基本概念，然后重点讲解了函数参数的不同传递形式、函数的默认参数、函数的作用域、函数的递归调用、内联函数、文件的作用域、函数的重载以及函数模板等概念在 C++编程中的运用。

C++中的程序大部分都是由各式各样的函数构成的，通过对一道题目使用各种不同的函数模板来编写，从而教会学生举一反三，并能拓展编程思路。建议学习时以自我上机实训为主。

技能巩固

一、基础训练

1. 以下程序执行结果为（　　　）。

```cpp
int f1(int x,int y)
{
    return x>y?x:y;
}
int f2(int x,int y)
{
    return x>y?y:x;
}
void main()
{
    int a=4,b=3,c=5,d,e,f;
    d=f1(a,b);
    d=f1(d,c);
    e=f2(a,b);
    e=f2(e,c);
    f=a+b+c-d-e;
    cout<<d<<','<<f<<','<<e;
```

```
}
```

    A. 3, 4, 5   B. 5, 3, 4   C. 5, 4, 3   D. 3, 5, 4

2. 设有函数定义 int f1(void){return 100,200;}，调用函数 f1()时（　　）。

    A. 函数返回值 100

    B. 函数返回两个值 100 和 200

    C. 函数返回值 200

    D. 语句 "return 100,200;" 语法错误，不能调用函数

3. 已知函数 f 的定义为：

```
Void f()
{ … }
```

则函数定义中 void 的含义为（　　）。

    A. 执行函数 f()后，函数没有返回值

    B. 执行函数 f()后，函数不再返回

    C. 执行函数 f()后，可以返回任意类型的值

    D. 以上 3 个答案全是错误的

4. 已知函数 fun 的定义为：

```
int fun(int a,int b)
{
    return a>b?a:b;
}
```

下面哪个（　　）函数原型说明正确。

    A. int fun(int a,int b)   B. int fun(a,b);

    C. int fun(int a,int b){return a>b?a:b;}   D. int fun(int,int b);

5. 以下程序输出的结果为（　　）。

```
void main()
{
    int sum=0,t;
    for(int j=1;j<=4;j++)
    {
        t=f(j);
        sum+=t;
    }
        cout<<sum;
}
int f(int i)
{
    if(i==1)
        return 1;
    return i*f(i-1);
}
```

    A. 33   B. 4

    C. 30   D. 程序有错误，不能执行

6. 以下程序的执行结果为（　　）。

```
void f(int x,int y)
{
    int t;
```

```
        if(x<y)
        {
            t=x;
            x=y;
            y=t;
        }
    }
    void main()
    {
        int a=4,b=3,c=5;
        f(a,b);
        f(a,c);
        f(b,c);
        cout<<a<<','<<b<<','<<c<<endl;

    }
```

A. 3, 4, 5   B. 5, 3, 4   C. 5, 4, 3   D. 4, 3, 5

7. 以下程序执行后输出结果为（   ）。

```
    int f(int x,int y)
    {
        return (y-x)*x;
    }
    void main()
    {
        int a=3,b=4,c=5,d;
        d=f(f(a,b),f(a,c));
        cout<<d;

    }
```

A. 3   B. 6   C. 9   D. 无结果

8. 有以下函数定义：

```
    Void fun(int n,double x){…}
```

若以下选项中的变量都已正确定义并赋值，则对函数 fun() 的正确调用语句为（   ）。

   A. fun(int y,double m)   B. k=fun(10,12,5)

   C. fun(x,n)   D. void fun(n,x)

9. 以下程序的运行结果为（   ）。

```
    int f()
    {
      static int x=3;
      x++;
      return(x);
    }
    void main()
    {
      int i,x;
      for(i=0;i<=2;i++)
        x=f();
      cout<<x;

    }
```

A. 3   B. 4   C. 5   D. 6

10. 以下程序的输出结果为（　　）。

```
void fun()
{
    a=100;
    b=200;
}
void main()
{
    int a=5,b=7;
    fun();
    cout<<a<<b;
}
```

A. 100200　　　　　B. 57　　　　　　C. 200100　　　　　D. 75

11. 程序的运行结果为（　　）。

```
long fib(int n)
{
    if(n>2)
        return fib(n-1)+fib(n-2);
    else
        return 2;
}
void main()
{
    cout<<fib(6);
}
```

A. 8　　　　　　　B. 16　　　　　　C. 30　　　　　　D. 三个答案都不对

12. 关于函数重载的说法中正确的是（　　）。

A. 函数名不同，但参数的个数和类型相同

B. 函数名相同，但参数的个数不同或参数的类型不同

C. 函数名相同，参数的个数和类型也相同

D. 函数名相同，函数的返回值不同，而与函数的参数和类型无关

13. 下列函数定义中正确的是（　　）。

A. int func(int a=1,int b,int c=3)　　　　B. int func(int a=1,int b,int c)

　　{...}　　　　　　　　　　　　　　　　　{...}

C. int func(int a,int b,int c=3)　　　　　D. int func(int a=1,int b=2,int c=3)

　　{...}　　　　　　　　　　　　　　　　　{...}

14. 以下描述正确的是（　　）。

A. 函数定义可以嵌套，函数调用也可以嵌套

B. 函数定义不可以嵌套，函数调用可以嵌套

C. 函数定义不可以嵌套，函数调用也不可以嵌套

D. 函数定义可以嵌套，函数调用不可以嵌套

15. C++语言中函数返回值类型由（　　）决定。

A. return 语句的表达式类型　　　　　　B. 定义函数时所指明的返回值类型

C. 实参数类型　　　　　　　　　　　　　D. 调用函数类型

16. 有函数定义如下

```
f(int a,float b){...}
```

则以下对函数 f() 的函数原型说明不正确的是（　　　）。

    A. f(int a,float b)　　B. f(int,float);　　　　C. f(int s,float y);　　　D. f(int s,float);

17. 系统在调用重载函数时往往根据一些条件确定哪个重载函数被调用，在下列选项中，不能作为依据的是（　　　）。

    A. 参数个数　　　　　　　　　　　　B. 参数的类型

    C. 函数名　　　　　　　　　　　　　D. 函数类型（返回值类型）

18. 有以下程序

```
intf(int n)
{
    if(n==1)
        return 1;
    else
        return f(n-1)+1;
}
void main()
{
    int i,j=0;
    for(i=1;i<3;i++)
        j+=f(i);
    cout<<j;
}
```

程序运行后的输出结果为（　　　）。

    A. 42　　　　　　　　B. 3　　　　　　　　　C. 2　　　　　　　　　　D. 1

19. 以下程序的输出结果为（　　　）。

```
intf()
{
    static int i=0;
    int s=1;
    s+=i;
    i++;
    return s;
}
void main()
{
    int i,a=0;
    for(i=0;i<5;i++)
        a+=f();
    cout<<a;
}
```

    A. 20　　　　　　　　B. 24　　　　　　　　　C. 25　　　　　　　　　D. 15

20. 下列程序运行的结果为（　　　）。

```
intf(int a)
{
    int b=0;
    static int c=3;
    a=c++,b++;
    return a;
}
void main()
{
```

```
    int a=2,i,k;
    for(i=0;i<2;i++)
        k=f(a++);
    cout<<k;
}
```
　　A. 3　　　　　　　B. 0　　　　　　　C. 5　　　　　　　D. 4

21. 以下程序的运行结果是（　　）。
```
intfun(int x,int y,int z)
{
    return (z=x*x+y*y);
}
void main()
{
    int a=31;
    fun(5,2,a);
    cout<<a;
}
```
　　A. 0　　　　　　　B. 29　　　　　　　C. 31　　　　　　　D. 无定值

22. 以下程序的输出结果为（　　）。
```
long fun(int n)
{
    long s;
    if(n==1||n==2)
        s=2;
    else
        s=n-fun(n-1);
    return s;
}
void main()
{
    cout<<fun(3);
}
```
　　A. 1　　　　　　　B. 2　　　　　　　C. 3　　　　　　　D. 4

23. 下列对重载函数的描述中，（　　）是错误的。
　　A. 重载函数中不允许使用默认参数
　　B. 重载函数中编译是根据参数表进行选择
　　C. 不要使用重载函数来描述毫不相干的函数
　　D. 构造函数重载将会给初始化带来多种方式

24. 下列 C++代码的正确输出是（　　）。
```
#include <iostream.h>
int global=20;
void main()
{
    int global=200;
    cout<<"The value of global is: "<<global;
}
```
　　A. 编译发生错误　B. global 值是 20　C. global 值是 200　D. global 值是 2

25. 在 C++中，函数默认的存储类别为（　　）。
　　A. auto　　　　　　B. static　　　　　　C. extern　　　　　　D. 无存储类别

26. 以下叙述不正确的是（   ）。

   A. 在不同的函数中可以定义相同名字的变量

   B. 函数中的形式参数是局部变量

   C. 在一个函数体内定义的变量只在本函数范围内有效

   D. 在一个函数内的复合语句中定义的变量在本函数范围内有效

27. 以下叙述中不正确的是（   ）。

   A. 预处理命令行必须以#号开头   B. 凡是以#开头的语句都是预处理命令行

   C. 在程序执行前执行预处理命令   D. #define PI=3.14 是一条正确的预处理命令

28. 以下程序的输出结果为（   ）。

```
void main()
{
 int i=100;
 {
    i=1000;
    for(int i=0;i<1;i++)
    {
       int i=-1;
    }
    cout<<i;
 }
 cout<<","<<i;
}
```

   A. -1, -1   B. 1, 1000   C. 1000, 100   D. 死循环

29. 以下程序的输出结果为（   ）。

```
int i=100;
intfun()
{
   static int i=10;
   return ++i;
}
void main()
{
   fun();
   cout<<fun()<<","<<i;
}
```

   A. 10, 100   B. 12, 100   C. 12, 12   D. 11, 100

30. 以下程序的输出结果为（   ）。

```
#include <iostream.h>
int& func(int & num)
{
   num++;
   return num;
}
void main()
{
   int n1,n2=5;
   n1=func(n2);
   cout<<n1<<""<<n2<<endl;
}
```

A. 5 6   B. 6 5   C. 6 6   D. 5 5

31. 以下程序的输出结果为（   ）。

```cpp
#include <iostream.h>
int& fn(int & num)
{
    num++;
    return num;
}
void main()
{
    int a=3,b=4,c=7;
    a=fn(b);
    b=fn(c);
    c=fn(a);
    cout<<a;
    cout<<b;
    cout<<c;
}
```

A. 685   B. 454   C. 686   D. 868

32. 在 C++中,下列关于内联函数的描述，正确的有（   ）。(两项)

    A. 内联函数比普通函数的执行速度快

    B. 内联函数和普通函数一样在调用时都有一个保护现场的过程

    C. 内联函数在编译过程就将函数体插入程序中

    D. 调用内联函数比普通函数节约内存空间

33. C++关于 const 关键字定义常量的描述（   ）是正确的。(选两项)

    A. const 定义的实体，它的值在程序运行时可以修改

    B. const 定义的实体，它的值在程序运行时不能被修改

    C. const 定义的常量必须在定义时赋值

    D. const 常量可以在定义时不用赋值，而在程序运行时赋值

34. 关键字（   ）说明对象或变量初始化后不会被修改。

    A. static   B. public   C. const   D. inline

35. 在 C++中,有函数声明:Void function(int=l,int=4,char='a');,下列对该函数的调用（   ）是正确的(三项)

    A. function(2,3,'b');   B. function(,4,);

    C. function(3);   D. function();

    E. function(2,,'c');

二、项目实战

1. 项目描述

本项目是为了完成对单元四中的架构程序的能力整合而制定的。根据结构化程序设计的方法，培养独立完成编写结构化程序及面向对象程序的初步能力。

内容：完成如下程序设计题目。

（1）编程求下式的值：

n 的 1 次方+n 的 2 次方+n 的 3 次方+n 的 4 次方+…+n 的 10 次方，其中 n=1,2,3。编写函

数时，设置参数 n 的默认值为 2。

要求显示结果如图 4-18 所示。

图 4-18　项目调试结果

（2）用项目的形式完成如下菜单中的不同算法实现(用类和函数实现)，如图 4-19 所示。

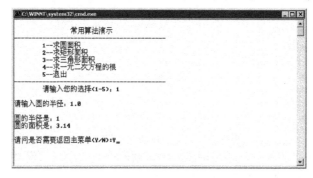

（a）结果（一）

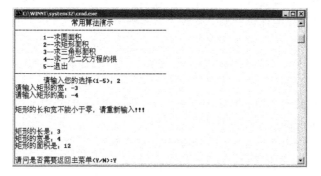

（b）结果（二）

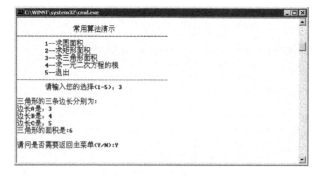

（c）结果（三）

图 4-19　项目调试结果

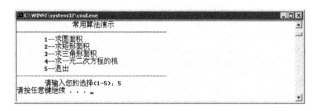

（d）结果（四）

（e）结果（五）

图 4-19 项目调试结果（续）

（3）用项目的形式完成如下复习测试题：(用类和函数实现)

每次从键盘输入 5 个整数，判断每个数是不是一个素数。如果是素数，则输出显示"该数是素数"，否则显示"该数不是是素数"。

要求：

- 编一个函数 int fun(int p)，其功能是：判断 p 是否是素数。若 p 是素数，返回 1；若不是素数，返回 0。p 的值由主函数 main（）调用 fun（）时传递获得。

注意：素数指大于等于 2 的整数，若只能被 1 和自身整除，则就是一个素数，例如 2，3，5，83，73，91 等。平方根函数 sqrt( )是在 math.h 头文件中声明的。

- main()函数用循环结构实现整数的输入，根据调用 fun（）的返回值来输出判断结果。
- 运行结果如图 4-20 所示。

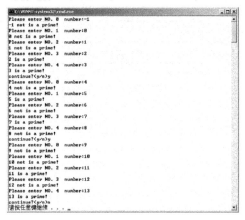

图 4-20 项目调试结果

2．项目要求

根据所学的知识，综合单元四的内容，编写程序并调试。

（1）编写出解决上述问题的程序。

（2）根据程序运行的结果分析程序的正确性。

3．项目评价

项目实训评价表

一	内　　容		评　　价		
一	学习目标	评价项目	3	2	1
职业能力	了解函数的基本概念及用法	知道函数的定义及调用			
		知道函数的默认参数、作用域、递归调用及内联函数			
	掌握文件的作用域及函数的重载和函数模板	能灵活使用文件的作用域来编写程序			
		能灵活使用函数的重载及函数的模板来编写程序			
通用能力	阅读能力				
	设计能力				
	调试能力				
	沟通能力				
	相互合作能力				
	解决问题能力				
	自主学习能力				
	创新能力				
综合评价					

评价等级说明表

等　级	说　　明
3	能高质、高效地完成此学习目标的全部内容，并能解决遇到的特殊问题
2	能高质、高效地完成此学习目标的全部内容
1	能圆满完成此学习目标的全部内容，不需要任何帮助和指导

单元五

→ **数组和指针**

软件公司新招聘的程序员，以前是用 VB 6.0 来开发软件，对 C++的基本语法还比较陌生。而现在公司希望他们能将部分客户以前用 VB 6.0 开发的软件改成用 C++开发的软件。在用 C++做开发时需要用到大量的数组和指针，因此软件公司安排软件开发部的小刘对这些程序员进行培训。要求他们掌握 C++的基本语法，尤其是数组和指针。小刘表示要保质保量完成领导布置的工作。

学习目标：

● 掌握一维数组。

● 了解多维数组。

● 了解指针。

● 掌握用指针和数组编写简单的 C++程序。

数组和指针

项目一 掌握一维数组的基本语法

 **项目描述**

软件公司新招聘的程序员对 VB 编程语言非常熟悉，但对 C++的基本语法尤其是一维数组的基本语法不是很清楚，而且从语法上来说 VB 中的数组和 C++的数组在表示上有很大区别。这些程序员要求学习用 C++一维数组编写程序。软件公司要求开发部小刘负责此项工作。

项目分析

小刘接到项目后,设计了四组声明一维数组、初始化、输出数组内容的模板,从语法的特点来训练程序员如何选择合适的声明、初始化、输出一维数组,考虑到是熟悉一维数组,所以选择了比较简单的算法。

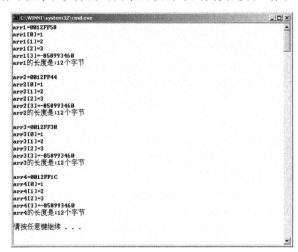

图 5-1 "项目调试结果示意图"

项目实施

1. 告知程序员该项目调试的结果（见图 5-1）

2. 一维数组声明的语法要点

（1）int arr1[3];。

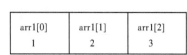

arr1[0] 1	arr1[1] 2	arr1[2] 3

（2）以上为声明数组 arr1。

（3）它代表整个数组的首地址，也就是 arr1[0]的地址。

（4）其中有 3 个数组元素，分别为 arr1[0]、arr1[1]、arr[2]。

（5）数组长度为 3(0,1,2 表示下标)。

3. 要求程序员按照以下的程序架构及注释来编辑源代码

```cpp
// chap05_lx01_一维数组示范.cpp : 定义控制台应用程序的入口点
#include "stdafx.h"
#include "iostream"
using namespace std;
void main()
{
    //sampl1:先声明，后初始化
    int arr1[3];                    //int a,b,c;
    arr1[0]=1;                      //a=1;
    arr1[1]=2;                      //b=2;
    arr1[2]=3;                      //c=3;
    cout<<"arr1="<<arr1<<endl;
    cout<<"arr1[0]="<<arr1[0]<<endl;
    cout<<"arr1[1]="<<arr1[1]<<endl;
    cout<<"arr1[2]="<<arr1[2]<<endl;
    cout<<"arr1[3]="<<arr1[3]<<endl;
    cout<<"arr1 的长度是:"<<sizeof(arr1)<<"个字节"<<endl<<endl;
    //sample2:声明的同时初始化
    int arr2[3]={1,2,3};            //int a=1,b=2,c=3;
    cout<<"arr2="<<arr2<<endl;
    cout<<"arr2[0]="<<arr2[0]<<endl;
    cout<<"arr2[1]="<<arr2[1]<<endl;
    cout<<"arr2[2]="<<arr2[2]<<endl;
    cout<<"arr2[3]="<<arr2[3]<<endl;
    cout<<"arr2 的长度是:"<< sizeof(arr2)<<"个字节"<<endl<<endl;
    //sample3: 声明的同时初始化(前动后静)
    int arr3[]={1,2,3};
    cout<<"arr3=" <<arr3<<endl;
    cout<<"arr3[0]="<<arr3[0]<<endl;
    cout<<"arr3[1]="<<arr3[1]<<endl;
    cout<<"arr3[2]="<<arr3[2]<<endl;
    cout<<"arr3[3]="<<arr3[3]<<endl;
    cout<<"arr3 的长度是:"<<sizeof(arr3)<<"个字节"<<endl<<endl;

    //sample4: 先声明，后初始化(用循环实现输入/输出)
    int  arr4[3];
    for(int i=0;i<3;i++)
    {
        arr4[i]=i+1;                //arr4[0]=1  arr4[1]=2  arr4[2]=3
    }
    cout<<"arr4="<<arr4<<endl;
    for(int i=0;i<4;i++)
    {
        cout<<"arr4["<<i<<"]="<<arr4[i]<<endl;
    }
```

```
    cout<<"arr4 的长度是:"<<sizeof(arr4)<<"个字节"<<endl<<endl;
}
```

项目二 一维数组在冒泡排序中的应用

项目描述

软件公司新招聘的程序员掌握了 C++ 中一维数组的语法后，希望将其运用至冒泡排序算法中，但不知该如何架构程序。软件公司要求开发部的小刘负责培训这些程序员。

项目分析

小刘接到项目后，设计了循环输入语句、双重循环嵌套单分支交换算法语句、循环输出语句这 3 种架构程序的模板，从一维数组的应用角度和控制结构的特点来训练程序员如何将一维数组灵活地运用在冒泡排序算法中。

项目实施

1. 告知程序员该项目调试的结果（见图 5-2）

图 5-2   "项目调试结果示意图"

2. 要求程序员按照以下的程序架构及注释来编辑源代码

```
// chap05_1x03_用一维数组实现个数排序.cpp ：定义控制台应用程序的入口点
#include "stdafx.h"
#include "iostream"
#include "iomanip"
using namespace std;
void main()
{
  int i,j,t,a[10];
  cout<<"请输入个整数，用空格分隔: ";
  for(i=0; i<10; i++)
  {
    cin>>a[i];
  }
  for(i=0; i<10-1; i++)
  {
    for(j=0; j<10-1-i; j++)
    {
      if(a[j]>a[j+1])    //a[0]>a[1]
      {
        t=a[j];
        a[j]=a[j+1];
        a[j+1]=t;
      }
    }
  }
```

```
    cout<<"排序后的数据:";
    for(i=0; i<10; i++)
    {
        cout<<setw(5)<<a[i];
    }
    cout<<endl;
}
```

3. 要求程序员结合前面所学的函数及一维数组修改以上程序并输出同样结果

```cpp
//用无参和无返回值函数实现一维数组排序
void input();        //函数前向声明
void sort();
void output();
int i,j,t,a[10];
void main()
{
    input();
    sort();
    output();
}
void input()
{
    cout<<"请输入个整数,用空格分隔: ";
    for(i=0; i<10; i++)
    {
        cin>>a[i];
    }
}
void sort()
{
    for(i=0; i<10-1; i++)
    {
        for(j=0; j<10-1-i; j++)
        {
            if(a[j]>a[j+1])
            {
                t=a[j];
                a[j]=a[j+1];
                a[j+1]=t;
            }
        }
    }
}
void output()
{
    cout<<"排序后的数据:";
    for(i=0; i<10; i++)
    {
        cout<<setw(5)<<a[i];
```

```
    }
    cout<<endl;
}
```

项目三　掌握二维数组的基本语法

项目描述

软件公司新招聘的程序员对 VB 编程语言非常熟悉，但对 C++的基本语法尤其是二维数组的基本语法不是很清楚，而且从语法上来说 VB 中的二维数组和 C++的二维数组在表示上有很大区别。这些程序员要求学习用 C++的二维数组来编写程序。软件公司要求开发部的小刘负责此项工作。

项目分析

小刘接到项目后，设计了七组声明二维数组、初始化、输出数组内容的模板，从语法的特点来训练程序员如何选择合适的声明、初始化、输出二维数组，考虑到是熟悉二维数组，所以选择了比较简单的算法。

项目实施

1. 告知程序员该项目前 4 种输出的结果（见图 5-3）

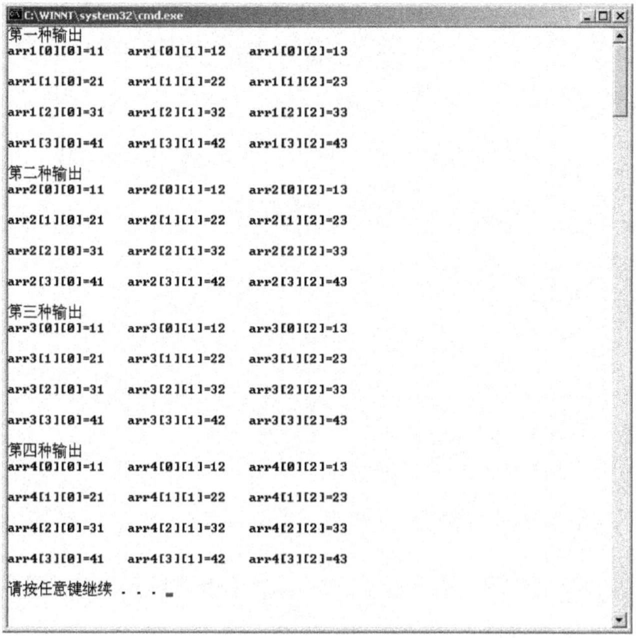

图 5-3　项目调试结果

单元五　数组和指针

2. 告知程序员该项目后 3 种输出的结果（见图 5-4）

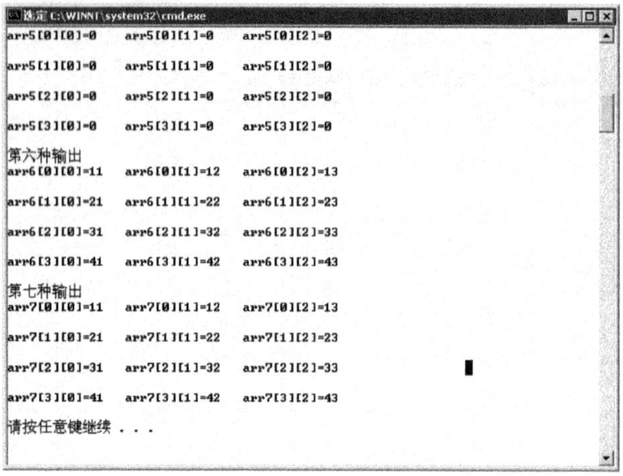

图 5-4　项目调试结果

3. 要求程序员按照以下的程序架构及注释来编辑源代码

```cpp
// chap5_lx05_二维数组示范.cpp ：定义控制台应用程序的入口点
#include "stdafx.h"
#include "iostream"
using namespace std;
void main()
{
    //二维数组示范
    int arr1[4][3];              //先声明，后初始化
    arr1[0][0]=11;
    arr1[0][1]=12;
    arr1[0][2]=13;
    arr1[1][0]=21;
    arr1[1][1]=22;
    arr1[1][2]=23;
    arr1[2][0]=31;
    arr1[2][1]=32;
    arr1[2][2]=33;
    arr1[3][0]=41;
    arr1[3][1]=42;
    arr1[3][2]=43;
    cout << "第一种输出"<<endl;
    for(int i=0;i<4;i++)    //控制行
    {
        for(int j=0;j<3;j++)//控制列
        {
            cout<<"arr1["<<i<<"]["<<j<<"]="<<arr1[i][j]<<"\t";
        }
        cout<<endl<<endl;
    }
    //二维数组示范
    int arr2[4][3]={11,12,13,21,22,23,31,32,33,41,42,43};  //声明同时初始化
    cout<<"第二种输出" <<endl;
    for(int i=0;i<4;i++)
    {
```

```
        for(int j=0;j<3;j++)
        {
            cout<<"arr2["<<i<<"]["<<j<<"]="<<arr2[i][j]<<"\t";
        }
        cout<<endl<<endl;
    }

    //二维数组示范
    int arr3[4][3]={
        {11,12,13},
        {21,22,23},
        {31,32,33},
        {41,42,43}
        };    //声明同时初始化

    cout<<"第三种输出"<<endl;
    for(int i=0;i<4;i++)
    {
        for(int j=0;j<3;j++)
        {
            cout<<"arr3["<<i<<"]["<<j<<"]="<<arr3[i][j]<<"\t";
        }
        cout<<endl<<endl;
    }

    //二维数组示范
    int arr4[4][3];'
    for(int i=0;i<4;i++)
    {
        for(int j=0;j<3;j++)
        {
            arr4[i][j]=(i+1)*10+(j+1);
        }
    }
    cout<<"第四种输出" <<endl;
    for(int i=0;i<4;i++)
    {
        for(int j=0;j<3;j++)
        {
            cout<<"arr4["<<i<<"]["<<j<<"]="<<arr4[i][j]<<"\t";
        }
        cout<<endl<<endl;
    }
    //二维数组示范
    int arr5[4][3]={0};
    cout<< "第五种输出" <<endl;
    for(int i=0;i<4;i++)
    {
        for(int j=0;j<3;j++)
        {
            cout<<"arr5["<<i<<"]["<<j<<"]="<<arr5[i][j]<<"\t";
        }
        cout<<endl<<endl;
    }
    //二维数组示范    声明二维数组只能省略行，不能省略列
```

```
//int arr6[4][]={11,12,13,21,22,23,31,32,33,41,42,43};//报错
int arr6[][3]={11,12,13,21,22,23,31,32,33,41,42,43};
cout<<"第六种输出"<<endl;
for(int i=0;i<4;i++)
{
   for(int j=0;j<3;j++)
   {
      cout<< "arr6[" <<i<< "][" <<j<< "]="<<arr6[i][j]<< "\t";
   }
   cout<<endl<<endl;
}

//二维数组示范
int arr7[][3]={
   {11,12,13},
   {21,22,23},
   {31,32,33},
   {41,42,43}
   };

cout<<"第七种输出"<<endl;
for(int i=0;i<4;i++)
{
   for(int j=0;j<3;j++)
   {
      cout<< "arr7["<<i<<"][" <<j<< "]="<<arr7[i][j]<<"\t";
   }
   cout<<endl<<endl;
}
}
```

项目四 找出 4×4 二维数组中对角线上元素的最大值

项目描述

软件公司新招聘的程序员掌握了 C++中二维数组的语法后，希望将其运用至求二维数组中对角线上元素的最大值的算法中，但不知该如何架构程序。软件公司要求开发部的小刘负责培训这些程序员。

项目分析

小刘接到项目后，设计了双重循环输入语句、单循环嵌套单分支比较交换语句、输出语句这 3 种架构程序的模板，从二维数组的应用角度和控制结构的特点来训练程序员如何将二维数组灵活地运用在指定的算法中。

1. 告知程序员该项目调试的结果（见图 5-5）

图 5-5　项目调试结果

2. **要求程序员按照以下的程序架构及注释来编辑源代码**

```cpp
// chap05_lx06_二维数组对角线最大值.cpp：定义控制台应用程序的入口点
#include "stdafx.h"
#include "iostream"
#include "iomanip"
using namespace std;
void main()
{
    int  a[4][4]={11,24,53,94,51,36,27,18,29,15,41,62,23,84,75,26};
    int  i,j,max;
    for(i=0; i<4; i++)
    {
        for(j=0; j<4; j++)
        {
            cout<<setw(4)<<a[i][j];
        }
        cout<<endl;
    }
    max=a[0][0];
    for(i=1; i<4; i++)
    {
        if(a[i][i]>max)
            max=a[i][i];
    }
    cout<<"对角线的最大值是: "<<max<<endl;
}
```

项目五　掌握字符数组的基本语法及系统字符串函数的应用

项目描述

　　软件公司新招聘的程序员对 VB 编程语言中的字符串处理非常熟悉，但对 C++中用来处理字符串的字符数组和系统自带的字符串函数的基本语法不是很清楚。这些程序员要求学习用 C++的字符数组及系统自带的字符串函数来编写程序。软件公司要求开发部的小刘负责此项培训工作。

单元五　数组和指针

127

项目分析

小刘接到项目后，设计了一个字符数组范例的模板和 6 个系统自带的字符串函数的架构模板，从不同的架构来训练程序员如何选择合适的字符数组和系统自带的字符串函数。

1. 字符数组的示例

（1）告知程序员该项目调试的结果，如图 5-6 所示。

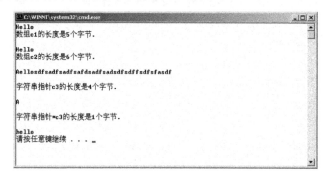

图 5-6　项目调试结果

（2）要求程序员按照以下的程序架构及注释来编辑源代码。

```
// chap05_lx08_字符数组示例.cpp : 定义控制台应用程序的入口点
#include "stdafx.h"
#include "iostream"
#include "string"
using namespace std;
void main()
{
    //字符数组示例:
    char c1[5]={'H','e','l','l','o'};
    for(int i=0;i<5;i++)
    {
        cout<<c1[i];
    }
    cout<<endl;
    cout<<"数组c1的长度是" <<sizeof(c1)<<"个字节." <<endl<<endl;
    //字符串示例:字符串中包含一个结束标志'\0'
    char c2[6]="Hello";
    for(int i=0;i<6;i++)
    {
        cout<<c2[i];
    }
    cout<<endl;
    cout<<"数组c2的长度是"<<sizeof(c2)<<"个字节."<<endl<<endl;
    //字符串指针示例:字符串指针指向字符串的首地址
    char *c3="Aellosdfsadfsadfsafdsadfsadsdfsdffsdfsfasdf";
    cout<<c3<<endl;
    cout<<endl;
    cout<<"字符串指针c3的长度是"<<sizeof(c3)<<"个字节."<<endl<<endl;
    cout<<*c3<<endl;
```

```
        cout<<endl;
        cout<<"字符串指针*c3 的长度是" << sizeof(*c3) << "个字节." << endl << endl;
        //字符串类示例:
        string c4("hello");
        cout<<c4<<endl;
}
```

（3）调试后发现以下规律：

- 字符数组的长度是实际存放字符的总个数。
- 字符串的长度是实际字符总数+1。
- 字符串指针的长度固定为 4 B。
- 字符串指针的长度固定为 1 B。
- 字符串类的对象的长度固定为 32 B。

2. strlen()**示例(测试字符串长度)**

（1）告知程序员该项目调试的结果，如图 5-7 所示。

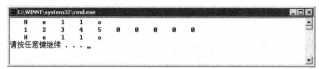

图 5-7　项目调试结果

（2）要求程序员按照以下的程序架构及注释来编辑源代码。

```
// chap05_lx11_strlen 的应用.cpp : 定义控制台应用程序的入口点
#include "stdafx.h"
#include "iostream"
//#include "string"
#include "iomanip"
using namespace std;
void main()
{
    char c[20]="Hello";
    for(int i=0;i<20;i++)
    {
        cout<<setw(5)<<c[i];
    }
    cout << endl;
    int n[10]={1,2,3,4,5};
    for(int i=0;i<10;i++)
    {
        cout<<setw(5)<<n[i];
    }
    cout<<endl;
    for(int i=0;i<strlen(c);i++)
    {
        cout<<setw(5)<<c[i];
    }
    cout<<endl;
}
```

3. strcat()示例(字符串连接)

（1）告知程序员该项目调试的结果，如图 5-8 所示。

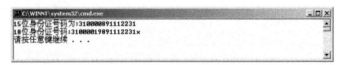

图 5-8　项目调试结果

（2）要求程序员按照以下的程序架构及注释来编辑源代码。

```cpp
// chap05_lx12_strcat的应用.cpp ：定义控制台应用程序的入口点
#include "stdafx.h"
#include "iostream"
#include "string"
#include "iomanip"
using namespace std;
void main()
{
    char c[20]="Hello";
    char r[8]=" world!";
    cout<<"c="<<c<<endl;
    cout<<"r="<<r<<endl;
    strcat(c,r);
    cout<<"c="<<c<<endl;
    cout<<"r="<<r<<endl;
}
```

（3）练习用 strcat()实现 15 位身份证号码转换为 18 位身份证号码。

- 显示结果如图 5-9 所示。

```
C:\WINNT\system32\cmd.exe
15位身份证号码为:310000891112231
18位身份证号码:31000019891112231x
请按任意键继续 . . .
```

图 5-9　项目调试结果

- 要求程序员按照以下的程序架构及注释来编辑源代码。

```cpp
// chap05_lx13_字符串函数.cpp ：定义控制台应用程序的入口点
#include "stdafx.h"
#include "iostream"
#include "string"
#include "iomanip"
using namespace std;
char str[20];
void main()
{
    char a[20]="310000";
    char b[20]="891112231";
    char c[20]="19";
    char d[20]="x";
    char str[20];
    cout<<"15位身份证号码为:"<<a<<b<<endl;
    strcat(a,c);
```

130

```
    strcat(a,b);
    strcat(a,d);
    cout<<"18位身份证号码:"<<a<<endl;
}
```

4. 字符数组 strcpy()示例(字符串复制)

（1）告知程序员该项目调试的结果，如图 5-10 所示。

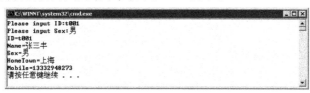

图 5-10　项目调试结果

（2）要求程序员按照以下的程序架构及注释来编辑源代码（其中用到的类和对象的概念在单元六会重点介绍，在此只做了解）

```
// chap05_lx12_02_strcpy的应用.cpp：定义控制台应用程序的入口点
#include "stdafx.h"
#include "iostream"
using namespace std;
#include "string"
#include "iomanip"
class Teacher
{
  private:
    char id[20];
    char *name;
    string sex;
    string hometown;
    char mobile[11];
  public:
    void inputID()
    {
      cout<<"Please input ID:";
      cin>>id;
    }
    void inputName(char *n)
    {
      name=n;
    }
    void inputSex()
    {
      cout<<"Please input Sex:";
      cin>>sex;
    }
    void inputHomeTown(string h)
    {
      hometown=h;
    }
    void inputMobile(char arr[])
    {
      strcpy(mobile,arr);
    }
```

```
        void output()
        {
            cout<<"ID="<<id<<endl;
            cout<<"Name="<<name<<endl;
            cout<<"Sex="<<sex<<endl;
            cout<<"HomeTown="<<hometown<<endl;
            cout<<"Mobile="<<mobile<<endl;
        }
};
void main()
{
    Teacher t;
    t.inputID();
    t.inputName("张三丰");
    t.inputSex();
    t.inputHomeTown("上海");
    t.inputMobile("13332948273");
    t.output();

}
```

（3）字符串初始化的不同方法如下：

- 字符数组能用 cin>>arr;输入或用 strcpy()传参输入。
- 字符串指针只能传参输入。
- 字符串对象即可用 cin 输入，也可用传参输入。
- 数组做形参传递给字符串指针。

5. strcmp()字符串比较函数

（1）比较的返回值如下：

```
字符串 1==字符串 2      函数返回 0
字符串 1>字符串 2       函数返回 1
字符串 1<字符串 2       函数返回-1
```

（2）告知程序员该项目调试的结果，如图 5-11 所示。

图 5-11　项目调试结果

（3）要求程序员按照以下的程序架构及注释来编辑源代码。

```
// chap05_lx13_01_strcmp 函数.cpp : 定义控制台应用程序的入口点
#include "stdafx.h"
#include "iostream"
using namespace std;
#include "string"
void main()
{
    char a[10]="Program";
    char b[10]="Programer";
    char c[10]="Problem";
    int i,j,k,l;
```

```
i=strcmp(a,b);
j=strcmp(a,c);
k=strcmp(a,"Program");
l=strcmp(c,a);
cout<<i<<"  "<<j<<"  "<<k<<"  "<<l<<endl;
}
```

6. strlwr() （字符串转为小写）与 strupr()（字符串转为大写）

（1）告知程序员该项目调试的结果，如图 5-12 所示。

图 5-12   项目调试结果

（2）要求程序员按照以下的程序架构及注释来编辑源代码。

```
// chap05_lx13_02_strlwr_strupr.cpp ：定义控制台应用程序的入口点
#include "stdafx.h"
#include "iostream"
using namespace std;
#include "string"
void main()
{ char a[20]="C++ Program";
  char b[20]="C++ Program";
  strlwr(a);
  strupr(b);
  cout<<a<<endl;
  cout<<b<<endl;
}
```

相关知识与技能

一、数组的概念及一维数组的定义与初始化

（1）数组：具有相同数据类型的若干变量按序进行存储的变量集合。数组有一维、二维和多维数组。一维数组的定义：

数据类型   数组名[常量表达式];

（2）在定义数组的同时为数组元素提供初始值，称为数组的初始化。一维数组初始化的一般格式为：

数据类型   数组名[常量表达式] = {值1, 值2,…, 值n};

二、二维数组的定义、引用与初始化

（1）二维数组的定义：

数据类型   数组名[常量表达式1][常量表达式2];

（2）二维数组的引用：

数组名[下标1][下标2] ;

其中下标可以为整型常量或表达式。

（3）二维数组的初始化：

- 分行初始化。例如：

```
int  a[3][4]={ {1,2,3,4},{5,6,7,8},{9,10,11,12} };
```

- 按二维数组在内存中的排列顺序给各元素赋初值。例如：

```
int  a[3][4]={1,2,3,4,5,6,7,8,9,10,11,12 };
```

- 对部分数组元素初始化。例如

```
int  a[3][4]={ {1,2,3},{4,5},{6,7,8} };
int  a[3][4]={1,2,3,4,5,6,7};
```

三、字符数组的定义、初始化与引用

1. 字符数组的定义

```
char    数组名[常量表达式];
char    数组名[常量表达式1][常量表达式2];
```

2. 字符数组的初始化

```
char  数组名[常量表达式]={'字符1', '字符2',…, '字符n'};
```

3. 字符数组的引用

（1）单个数组元素的引用。如果输出上面的字符数组 s，可用以下语句：

```
for(int i=0; i<10; i++ )
   cout<<s[i];
```

（2）字符数组的整体引用。也可用以下方式输出字符数组 s：

```
cout << s;
```

C++使用字符数组存放字符串，为了测试字符串的实际长度，在字符串结尾定义了一个结束标志—— '\0'（ASCII 码值为 0 的字符）。

四、常用的字符串处理函数

对字符串进行比较、复制等操作的系统函数，使用前需包含头文件 string.h。

（1）strcmp() 函数——比较两个字符串的大小。

```
strcmp(字符串1, 字符串2)
```

函数返回值：

- 字符串 1 与字符串 2 相等，函数返回值等于 0。
- 字符串 1 大于字符串 2，函数返回值等于 1。
- 字符串 1 小于字符串 2，函数返回值等于 -1。

（2）strcpy() 函数——复制字符串。

```
strcpy(字符数组, 字符串)
```

函数执行后将字符串复制到字符数组中。

（3）strcat() 函数——连接字符串。

```
strcat(字符数组, 字符串)
```

函数执行后将字符串连接到字符数组后面。

（4）strlen() 函数——求字符串实际长度（不包括结束符）。

（5）strlwr() 函数——将字符串中的大写字母转换成小写。

（6）strupr() 函数——将字符串中的小写字母转换成大写。

五、指针与数组的相关概念

（1）一个变量的地址也称为该变量的指针，存放变量地址的变量是指针变量。

（2）指针运算包括算数运算、关系运算与赋值运算。

（3）指针可以与整数进行加减运算，结果与指针所指向的数据类型有关。p+n 表示指针 p 当前所指向位置后面第 n 个同类型数据的地址， p-n 表示指针 p 当前所指向位置前面第 n 个同类型数据的地址。

（4）指向同一种数据类型的指针可以进行关系运算。如果两个相同类型的指针相等，表示这两个指针指向同一个地址。

（5）指针也可以与 0 进行比较运算，如果 p==0 成立，则称 p 是一个空指针，即指针 p 还没有具体指向。

（6）为了避免使用没有指向的指针，在定义指针变量时，可以将其初始化为 0（也可以写成 NULL）。

（7）数组在内存中是连续存放的，数组名就是数组的首地址（第一个元素的地址），指针可以与整数进行加减运算，利用这一性质可以方便地用指针处理数组。

（8）通过 new 运算符实现动态分配内存，格式如下：

```
new    类型名（初值）
```

（9）运算符 delete 用来删除由运算符 new 动态分配的存储空间。使用格式如下：

```
delete   指针名；
```

（10）指针作为函数的参数，实际上传递的是变量的地址，进行的是地址传递。

（11）数组名作为函数参数传递的是数组首地址，因此也可以直接将形参改为指针。当数组名作为实参时，同样能够传递数组首地址。

（12）数组元素是指针的数组，称为指针数组。

（13）如果一个指针变量保存的是另一个指针变量的地址，则称之为指向指针的指针，或多级指针。

定义格式：

```
类型名     **指针变量名；
```

六、熟悉 C++中的随机数应用

1. 告知程序员该项目调试的结果（见图 5-13）

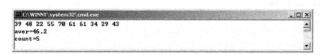

图 5-13　项目调试结果

2. 要求程序员按照以下的程序架构及注释来编辑源代码

```
// chap05_lx21_Cplusplus 中的随机数应用.cpp : 定义控制台应用程序的入口点
```

```
#include "stdafx.h"
#include "iostream"
#include "math.h"
#include "time.h"
using namespace std;
int _tmain(int argc, _TCHAR* argv[])
{
    srand((unsigned)time(NULL));    //设置随机数发生种子Randomize()
    const int N=10;
    int  Arr[N];
    int i;
    for(i=0 ;i<=N-1;i++)
    {
        Arr[i]=rand()*90/RAND_MAX+10;
        cout<<Arr[i]<<" ";
    }
    cout<<endl;
    double aver;
    int count;
    aver=0.0;
    count=0;
    for(i=0;i<=N-1;i++)
    {
        aver=aver+Arr[i];
    }
    aver=aver/N;
    for(i=0;i<=N-1;i++)
    {
        if(Arr[i]>=aver)
            count=count+1;
    }
    cout<<"aver="<<aver<<endl;
    cout<<"count="<<count<<endl;
    cin>>i;
    return 0;
}
```

七、补充字符串类的用法

1. 告知程序员该项目调试的结果（见图 5-14）

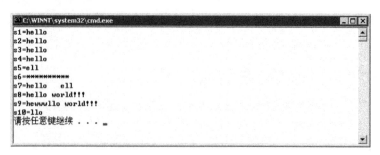

图 5-14　项目调试结果

2. 要求程序员按照以下的程序架构及注释来编辑源代码

```
// chap05_1x17_补充字符串类 string.cpp ：定义控制台应用程序的入口点
```

```
#include "stdafx.h"
#include "iostream"
#include "string"
using namespace std;
void main()
{
    //1.将字符串赋值给string类的对象
    string s1("hello");
    cout<<"s1="<<s1<<endl;
    //2.将字符数组转为字符串
    char c1[]={'h','e','l','l','o','\0'};
    string s2(c1);
    cout<<"s2="<<s2<<endl;
    //3.将字符串数组转为字符串
    char c2[]="hello";
    string s3(c2);
    cout<<"s3="<<s3<<endl;
    //4.将一个字符串对象赋值给另一个空字符串对象
    string s4(s3);
    cout<<"s4="<<s4<<endl;
    //5.将字符数组某个索引开始的n个字符赋值给string类的对象
    string s5(c2,1,3);
    cout<<"s5="<<s5<<endl;
    //6.一次产生n个'*'字符
    string s6(10,'*');
    cout<<"s6="<<s6<<endl;
    //7.用"+"实现字符串连接
    string s7=s1+"    "+s5;
    cout<<"s7="<<s7<<endl;
    //8.将某个字符串追加到前一个字符串的末尾
    string s8=s1.append(" world!!!");
    cout<<"s8="<<s8<<endl;
    //9.在字符串的某个索引处插入另一个字符串
    string s9=s1.insert(2,"www");
    cout<<"s9="<<s9<<endl;
    //10.将一个字符串索引开始n个字符截取出来赋值给另一个string类的对象
    string s10=s2.substr(2,3);
    cout<<"s10="<<s10<<endl;
}
```

拓展与提高

一、指针变量的声明与使用

1. 声明及使用的基本语法格式

```
数据类型  *指针变量;
指针变量=&变量的地址;
输出 指针变量        //输出的是它所指向的变量的地址
输出 *指针变量       //输出的是它所指向的变量的值
```

2. 指针的示意图例（见图 5-15）

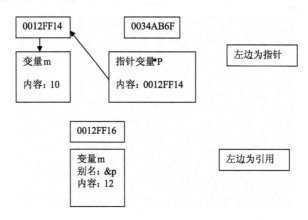

图 5-15　项目调试结果

3. 告知程序员该项目调试的结果（见图 5-16）

图 5-16　项目调试结果

4. 要求程序员按照以下的程序架构及注释来编辑源代码

```cpp
// chap05_23_指针变量的声明与使用.cpp ：定义控制台应用程序的入口点
#include "stdafx.h"
#include "iostream"
using namespace std;
void main()
{
    int  a, *p1;
    double  b, *p2;

    char  c, *p3;
    p1=&a;
    p2=&b;
    p3=&c;

    *p1=10;     //a=10;
    *p2=11.2;   //b=11.2;
    *p3='C';    //c='A';

    cout<<p1<<endl;
    cout<<p2<<endl;
    cout<<p3<<endl;
```

```
cout<<*p1<<endl;
cout<<*p2<<endl;
cout<<*p3<<endl;
cout<<a<<endl;
cout<<b<<endl;
cout<<c<<endl;
int m=10;
int *p;
p=&m;
cout<<m<<endl;
cout<<*p<<endl;
cout<<p<<endl;
cout<<&m<<endl;
}
```

二、指针与整数之间的运算

1. 基本特点

（1）指针+1是指针向下移动一个数据类型空间。

（2）指针−1是指针向上移动一个数据类型空间。

2. 告知程序员该项目调试的结果（见图5-17）

图 5-17　项目调试结果

3. 要求程序员按照以下的程序架构及注释来编辑源代码

```
// chap05_25_指针与整数的运算.cpp : 定义控制台应用程序的入口点
#include "stdafx.h"
#include "iostream"
using namespace std;
void main()
{
    int a, *p1,*p2;
    double b, *p3, *p4;
    p1=&a;
    p3=&b;
    cout<<p1<<"  "<<p3<<endl;
    p2=p1+1;
    p4=p3+1;
    cout<<p2<<"  "<<p4<<endl;
    p2=p1-1;
    p4=p3-1;
    cout<<p2<<"  "<<p4<<endl;
    p2=p1+5;
    p4=p3+5;
    cout<<p2<<"  "<<p4<<endl;
}
```

三、空指针

1. 特点

（1）用 NULL 来表示空指针。

（2）#define NULL 0 表示把 NULL 定义成 0。

2. 告知程序员该项目调试的结果（见图 5-18）

图 5-18　项目调试结果

3. 要求程序员按照以下的程序架构及注释来编辑源代码

```
// chap05_26_空指针.cpp ：定义控制台应用程序的入口点
#include "stdafx.h"
#include "iostream"
using namespace std;
void main()
{
    int a, *p=NULL;
    cout<<p<<endl;
    if(p!=NULL)
    {
        *p=10;
        cout<<"将10赋值给p所指向的地址"<<endl;
    }
    else
        cout<<"p是空指针，不能使用！"<<endl;
    p=&a;
    cout<<p<<endl;
    if(p!=NULL)
    {
        *p=10;
        cout<<"将10赋值给p所指向的地址"<<endl;
    }
    else
        cout<<"p是空指针，不能使用！"<<endl;
}
```

四、指针与数组的关系

1. 指针与数组的关系如下：

```
//指针可以指向数组（该指针存放了这个数组的首地址）
//              (cout<<*(指针名+循环变量i);)
int *p;
    p=a;         //p=&a[0];
    for(int i=0; i<6; i++)
    {
        cout<<*(p+i)<<"  ";
    }
```

2. 告知程序员该项目调试的结果（见图 5-19）

图 5-19　项目调试结果

3. 要求程序员按照以下的程序架构及注释来编辑源代码

```cpp
// chap05_27_指针与数组.cpp ：定义控制台应用程序的入口点
#include "stdafx.h"
#include "iostream"
using namespace std;
#include "string"
void main()
{
    int a[6]={1,2,3,4,5,6};
    for(int i=0; i<6; i++)
    {
        cout<<a[i]<<"  ";
    }
    cout<<"\n";
    int *p;
    p=a;      //p=&a[0];
    for(int i=0; i<6; i++)
    {
        cout<<*p<<"  ";
        p++;
    }
    cout<<endl;
    char arr[6]={'H','e','l','l','o','\0'};
    char *parr=arr;
    cout<<"arr[5]的长度="<<strlen(arr)<<endl;
    for(int i=0;i<strlen(arr);i++)
    {
        cout<<"parr="<<parr<<"  "<<"*parr="<<*parr<<endl;
        parr++;
    }
}
```

五、指针与指针之间的运算

1. 特点

两个指针相减是两个地址之间的差值(中间相差几个空间)，对于数组来讲，是两个数组元素的下标之间的差值。

2. 告知程序员该项目调试的结果（见图 5-20）

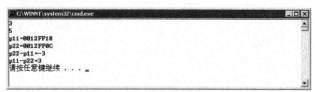

图 5-20　项目调试结果

3. 要求程序员按照以下的程序架构及注释来编辑源代码

```cpp
// chap05_28_指针与指针的运算.cpp ：定义控制台应用程序的入口点
#include "stdafx.h"
#include "iostream"
using namespace std;
#include "string"
void main()
{
   int a[10]={1,2,3,4,5,6,7,8,9,10};
   int *p1, *p2;
   p1=a;             //p1=&a[0];
   p2=&a[3];
   cout<<p2-p1 <<endl;
   p1=&a[2];
   p2=&a[7];
   cout<<p2-p1<<endl;
   int m=10;
   int n=20;
   int *p11=&m;
   int *p22=&n;
   cout<<"p11="<<p11<<endl;
   cout<<"p22="<<p22<<endl;
   cout<<"p22-p11="<<p22-p11<<endl;
   cout<<"p11-p22="<<p11-p22<<endl;
}
```

六、动态内存分配

1. 注意的几点

（1）C 语言使用 malloc() 与 free()函数。

（2）C++使用 new 与 delete 运算符。

（3）只有用 new 分配过空间，才能用 delete 释放。

2. 指针指向变量

```cpp
方法1:  int *p1; p1=new int(10);
方法2:  int *p1=new int(10);
方法3:  int a=10;  int *p1=&a;
        delete p1;  //释放 p1
```

3. 指针指向数组

```cpp
方法1:  int *p2; p2=new int[10];
方法2:  int *p2=new int[10];
方法3:  int arr[10]; int *p2=arr;
        delete [] p2;  //释放 p2
```

4. 告知程序员该项目调试的结果（如图 5-21）

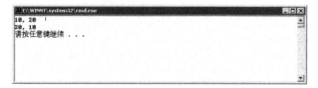

图 5-21　项目调试结果

5. 要求程序员按照以下的程序架构及注释来编辑源代码

```cpp
// chap05_29_动态内存分配.cpp ：定义控制台应用程序的入口点
#include "stdafx.h"
#include "iostream"
using namespace std;
void main()
{
    int *p1;
    p1=new int(10);
    cout<<*p1<<endl;
    int*p3=new int(100);
    cout<<*p3<<endl;
    int *p2;
    p2=new int[10];
    int i;
    for(i=0; i<10; i++)
    {
        *(p2+i)=i;  //指针移动
    }
    for(i=0; i<10; i++)
        cout<<*(p2+i)<<"  ";
    cout << endl;
    for(i=0; i<10; i++)
        cout<<p2[i]<<"  ";
    cout<<endl;
    delete p1;
    delete []p2;
}
```

七、指针作函数的形参

1. 注意的几点

（1）指针作函数的形参，实参一定要用地址。

（2）按地址传递（形参改变，实参也变）。

2. 告知程序员该项目调试的结果（见图 5-22）

图 5-22　项目调试结果

单元五　数组和指针

3. 要求程序员按照以下的程序架构及注释来编辑源代码

```cpp
// chap05_30_指针作函数形参.cpp : 定义控制台应用程序的入口点
#include "stdafx.h"
#include "iostream"
using namespace std;
void swap(int *x, int *y);
void main()
{
    int a, b;
    a=10;
    b=20;
    cout<<a<<", "<<b<<endl;
    swap(&a, &b);
    cout<<a<<", "<<b<<endl;
}
void swap(int *x, int *y)
{
    int temp;
    temp=*x;
    *x=*y;
    *y=temp;
}
```

八、用指针数组处理二维数组

1. 要点

（1）一个指针可以指向一个一维数组。例如：

```cpp
int a[3]={1,2,3};
int *p;
p=a;
```

（2）用一维的指针数组中的每一个数组元素分别指向二维数组中的每一行，输出时的格式如下：

```
一维指针数组名[二维数组行的下标][二维数组列的下标]
```

例如：

```cpp
int line[3][3]={{1,0,0}, {0,1,0},{0,0,1}};
    int *p_line[3];          //声明整型指针数组(*p_line[0],*p_line[1],*p_line[2])
    p_line[0]=line[0];  //初始化指针数组元素
    p_line[1]=line[1];
    p_line[2]=line[2];
    cout<<p_line[i][j]<<" ";//用双重循环输出
```

2. 告知程序员该项目调试的结果（见图 5-23）

图 5-23 项目调试结果

3. 要求程序员按照以下的程序架构及注释来编辑源代码

```cpp
// chap05_31_用指针数组处理二维数组.cpp ：定义控制台应用程序的入口点
#include "stdafx.h"
#include "iostream"
using namespace std;
void main()
{
  int line[3][3]={{1,0,0}, {0,1,0},{0,0,1}};
  int *p_line[3];                  //声明整型指针数组
  p_line[0]=line[0];               //初始化指针数组元素
  p_line[1]=line[1];
  p_line[2]=line[2];
  cout<<"Matrix test:"<<endl;      //输出单位矩阵
  for(int i=0;i<3;i++)             //对指针数组元素循环
  {
     for(int j=0;j<3;j++)     //对矩阵每一行循环
     {
        cout<<p_line[i][j]<<" ";
     }
     cout<<endl;
  }
}
```

九、指向指针的指针

1. 语法要点

```
数据类型  **指针名=&指针;
数据类型  **指针名=&指针数组中的一个数组元素;
cout << **指针名;
```

2. 告知程序员该项目调试的结果（见图 5-24）

```
C:\WINNT\system32\cmd.exe
10  10  10
22.3  22.3  22.3
20  20  20
45.8  45.8  45.8
Basic
Fortran
C++
Pascal
请按任意键继续 . . .
```

图 5-24　项目调试结果

3. 要求程序员按照以下的程序架构及注释来编辑源代码

```cpp
// chap05_32_指向指针的指针.cpp ：定义控制台应用程序的入口点。
#include "stdafx.h"
#include "iostream"
using namespace std;
void main()
{
  int a, *p1, **p2;
  double b, *p3, **p4;
  a=10;
  b=22.3;
```

```
p1=&a;
p3=&b;
p2=&p1;
p4=&p3;
cout<<a<<"  "<<*p1<<"  "<<**p2<<endl;
cout<<b<<"  "<<*p3<<"  "<<**p4<<endl;
**p2=20;
**p4=45.8;
cout<<a<<"  "<<*p1<<"  "<<**p2<<endl;
cout<<b<<"  "<<*p3<<"  "<<**p4<<endl;
char *name[] = {"Basic", "Fortran", "C++", "Pascal"};
char **p;
int i;
for(i=0; i<4; i++)
{
    p=name+i;
    cout<<*p<<endl;
}
}
```

实训操作

一、实训目的

本实训是为了完成对单元五的能力整合而制定的。根据数组和指针的概念，培养学生用数组和指针架构程序、实现算法的能力。

二、实训内容

要求完成如下程序设计题目。

（1）用一维数组求最大值和最小值，如图 5-25 所示。

图 5-25　项目调试结果

（2）用一维数组处理 Fibonacci 数列的前 40 项，如图 5-26 所示。

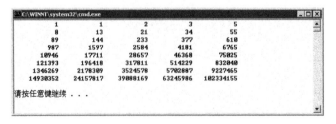

图 5-26　项目调试结果

（3）用函数实现一维数组的排序，见图 5-27 所示。

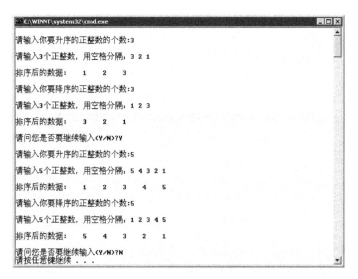

图 5-27　项目调试结果

（4）用一维数组和二维数组显示九九乘法表，如图 5-28 所示。

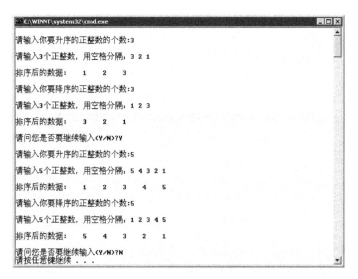

图 5-28　项目调试结果

（5）找出 4 乘 4 二维数组中两个对角线上元素的最大值，如图 5-29 所示。

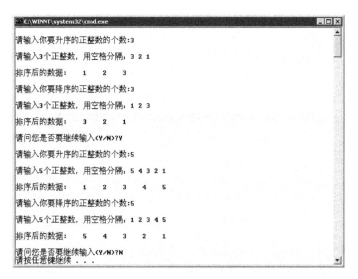

图 5-29　"项目调试结果示意图"

（6）找出 4 乘 4 二维数组中两个对角线上元素的最大值（用函数实现），如图 5-30 所示。

图 5-30　项目调试结果

（7）用二维字符数组实现钻石图形的表示，如图 5-31 所示。

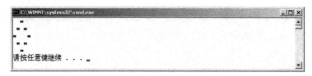

（a）结果（一）

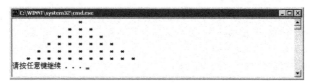

（b）结果（二）

图 5-31　项目调试结果

（8）设计机器人类，实现字符串的不同表示方法，如图 5-32 所示。

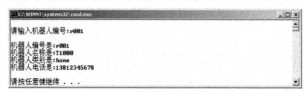

图 5-32　项目调试结果

（9）15 位身份证转为 18 位身份证，如图 5-33 所示。

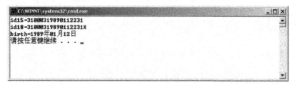

（a）结果（一）

（b）结果（二）

图 5-33　项目调试结果

（10）用指针排序两个整数，如图 5-34 所示。

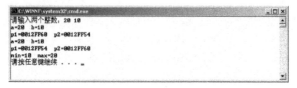

图 5-34　项目调试结果

（11）用指针实现一维数组的排序，如图 5-35 所示。

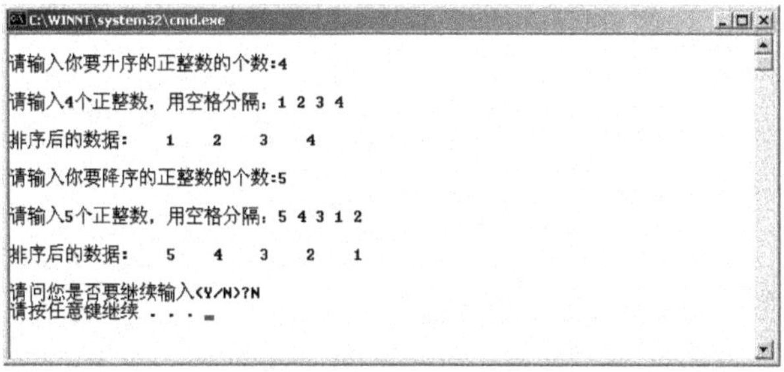

图 5-35　项目调试结果

三、实训要求

根据所学的知识，综合单元五的内容，编写程序并调试。

（1）编写出解决上述问题的程序。

（2）根据程序运行的结果分析程序的正确性。

四、程序代码

（略，要求学生独立完成）

小　　结

本单元首先介绍了一维数组的基本语法，然后重点讲解了一维数组在冒泡排序中的应用、二维数组的基本语法及字符数组的基本语法和系统字符串函数的应用。

C++中的部分程序根据实际的算法需要可以由数组和指针来实现，通过对同一道题目使用数组或指针来编写，从而教会学生举一反三，并能拓展编程思路，建议学习时以自我上机实训为宜。

技能巩固

一、基础训练

1. 设有 3 个语句"int s=100;int ss[s];cin>>ss;"，则编译认为（　　）。

    A. 仅第二个语句"int ss[s];"错　　　　B. 仅第三个语句"cin>>ss;"错

    C. 第一个语句正确，后两个语句错　　D. 三个语句都正确，没有语法错误

2. 以下数组定义中，正确的为（　　）。

    A. int i=100,a[i];　　　　　　　　　　B. int j;j=100;int b[j];

    C. const int i=20;int y[i];　　　　　D. #define NUM 50

    　　　　　　　　　　　　　　　　　　　　　int a(NUM);

3. 以下程序的运行结果为（　　）。

```
void main()
{
    int z,y[3]={2,3,4};
    y[y[2]]=10;
```

```
        cout<<z;
    }
```

    A. 10   B. 2

    C. 3   D. 访问在逻辑上有问题，运行时可能出错

4. 若有定义和语句 "double z,y[3]={2,3,4};z=y[y[0]];"，则 z 的值为（   ）。

    A. 1   B. 2

    C. 3   D. 有语法错误，不能通过编译

5. 下列对数组的定义和赋值过程正确的是（   ）。

    A. int a[2]={1,2,3};   B. int a[3]={1,2,3};int b[3];b[2]=a[2];

    C. int a[3],b[3]={2,3,4};a=b;   D. char s[]="abc";s="xyz";

6. 在下列对字符数组进行的初始化中，（   ）是正确的。

    A. char s1[]="abcd";   B. char s2[3]= "xyz";

    C. char s3[][]={'a', 'b', 'c'};   D. char s4[][3]={ "xyz","mnp"};

7. 有以下程序

```
void main()
{
    char a[]={'a','b','c','d','e','f','g','h','\0'};
    int i,j;
    i=sizeof(a);
    j=strlen(a);
    cout<<i<<','<<j;
}
```

则程序执行后输出的结果为（   ）。

    A. 9, 9   B. 8, 9   C. 1, 8   D. 9, 8

8. 若有定义 "char s[]="good";char t[]={'g', 'o', 'o', 'd'};"，则下列叙述正确的是（   ）。

    A. t 完全相同   B. 数组 s 比数组 t 短

    C. 数组 s 与 t 长度相同   D. 数组 s 比数组 t 长

9. 判断字符串 a 和 b 是否相等，应当使用（   ）。

    A. if(a==b)   B. if(a=b)   C. if(strcpy(a,b))   D. if(!strcmp(a,b))

10. 若有定义语句 "char a[20]= "I Love C++";"，在程序运行过程中，若要想将数组中的内容修改为"Hello World! "，则以下语句能够实现的是（   ）

    A. a="Hello World!";   B. strcpy(a,"Hello World!");

    C. strcat(a,"Hello World! ");   D. C++中字符数组的内容是不能够修改的

11. 以下程序的输出结果为（   ）。

```
void main()
{
    char ch[3][5]={"AAA","BBB","CCC"};
    cout<<ch[1];
}
```

    A. AABBBCCC   B. BBB   C. BBBCCC   D. CCC

12. 假定 int 类型变量占用 4 个字节，其有定义 "int x[]={0,2,4,6};"，则数组 x 在内存中所占的内存字节数为（   ）。

    A. 2   B. 16   C. 10   D. 20

13. 以下能够正确定义并初始化数组的为（　　　）。

    A．int N=5;b[N][N];   B．int a[][2]={{1},{1,2}};

    C．int c[2][]={{1,2},{3,4}};   D．int d[3][2]={{},{1},{1,2}};

14. 设有语句"int A[4][3]={{0,1,2},{3,4,5},{6,7,8},{9,10}};"，则 A[0][0]和 A[2][2]的初始值分别为（　　　）。

    A．0，7   B．3，8   C．3，7   D．0，8

15. 若有以下数组定义和 f()函数调用语句，则在 f()函数的说明中，对形参数组 array 的正确的定义方式为（　　　）。

```
int a[3][4];
f(a);
```

    A．void f(int array[][6]);   B．int f(int array[3][]);

    C．void f(int array[][4]);   D．int f(array[2][5]);

16. 函数 sum()是计算一个数组的所有元素的和：

```
int sum(int a[],int s)
{
    int sum=0;
    for(int i=0;i<s;i++)
        sum+=a[i];
    return sum;
}
```

有 "int a[2][3];"要求数组 a 中所有元素的和，则对 sum 的调用正确的为（　　　）。

    A．sum(a,3);   B．sum(a[0][0],6);   C．sum(&a[0][0],3);   D．sum(&a[0][0],6);

17. 以下程序执行的结果为（　　　）。

```
void fn(char a[],int s)
{
    for(int i=0;i<s;i++)
        a[i]++;
}
void main()
{
    char str[]="abcdef";
    fn(str,3);
    cout<<str;

}
```

    A．abcdef   B．bcddef   C．bcdefg   D．abc

18. 以下程序的输出结果为（　　　）。

```
void main()
{
    int p[7]={11,13,14,15,16,17,18},i=0,k=0;
    while(i<7&&p[i]%2)
    {
        k=k+p[i];
        i++;
    }
    cout<<k<<endl;

}
```

A. 58   B. 56   C. 45   D. 24

19. 以下程序的执行的结果为（   ）。

```
void main()
{
    char s[]="\n123\\";
    cout<<strlen(s)<<','<<sizeof(s);
}
```

A. 初始化数组的字符串有错   B. 6，7

C. 5，6   D. 6，6

20. 以下能够正确定义一维数组的为（   ）。

A. int num[];   B. #define N 100   C. int N=100;   D. Int num[0..100];

                                  int num[N];   int num[N];

21. 以下程序的则执行结果为（   ）。

```
void main()
{
    int n[5]={0},i,k=2;
    for(i=0;i<k;i++)
        n[i]=n[i]+1;
    cout<<n[k];
}
```

A. 不确定的值   B. 2   C. 1   D. 0

22. 以下程序的执行结果为（   ）。

```
void main()
{
    int m[][3]={1,4,7,2,5,8,3,6,9};
    int i,j,k=2;
    for(i=0;i<3;i++)
        cout<<m[k][i];
}
```

A. 456   B. 258   C. 369   D. 789

23. 用数组名作为函数调用时的实参，则实际上传递给形参的是（   ）。

A. 数组的首地址   B. 数组的第一个元素值

C. 数组中全部元素的值   D. 数组元素的个数

24. 以下程序的执行结果为（   ）。

```
void main()
{
    char str[]="ab\n\012\\\"";
    cout<<strlen(str);
}
```

A. 3   B. 4   C. 6   D. 12

25. 下面对 C++中字符数组的描述中错误的是（   ）。

A. 字符数组可以存放字符串

B. 字符数组的字符串可以整体输入和输出

C. 可以在赋值语句中通过赋值运算符 "=" 对字符数组整体赋值

D. 不可以用关系运算符对字符数组中的字符串进行比较

26. 以下不正确的定义语句为（　　　）。

    A. double x[5]={2.0,4.0,6.0,8.0,10.0};   B. int　y[5]={0,1,3,5,7,9};

    C. char c1[]={'1', '2', '3', '4', '5'};   D. char c2[]={'\x10', '\xa', '\x8'};

27. 判断字符串 s1 是否大于字符串 s2，应当使用（　　　）。

    A. if(s1>s2)   B. if(strcmp(s1,s2)) C. if(strcmp(s2,s1)>0) D. if(strcmp(s1,s2)>0)

28. 以下程序输出的结果为（　　　）。

```
void main()
{
    char ch[7]={"12ab34"};
    int i,s=0;
    for(i=0;ch[i]>='0'&&ch[i]<='9';i+=2)
        s=10*s+ch[i]-'0';
    cout<<s;
}
```

    A. 3ba21   B. 1234   C. 1   D. 13

29. 以下程序输出的结果为（　　　）。

```
void main()
{
    int i,x[3][3]={1,2,3,4,5,6,7,8,9};
    for(i=0;i<3;i++)
    cout<<x[i][2-i];
}
```

    A. 159   B. 147   C. 357   D. 369

30. 以下程序输出的结果为（　　　）。

```
void main()
{
    int i,k,a[10],p[3];
    k=5;
    for(i=0;i<10;i++)
        a[i]=i;
    for(i=0;i<3;i++)
        p[i]=a[i*(i+1)];
    for(i=0;i<3;i++)
        k+=p[i]*2;
    cout<<k<<endl;
}
```

    A. 20   B. 21   C. 22   D. 23

31. 以下数组定义中，不正确的是（　　　）。

    A. int a[2][3]   B. int b[][3]={0,1,2,3,};

    C. int c[100][100]={0};   D. int d[3][]={{1,2},{1,2,3,},{1,2,3,4}};

32. 以下程序输出的结果为（　　　）。

```
void main()
{
    int i,a[10];
    for(i=9;i>=0;i--)
        a[i]=10-i;
    cout<<a[2]<<a[5]<<a[8];
}
```

    A. 258   B. 741   C. 852   D. 369

33. 以下程序的输出结果为（　　　）。

```
void main()
{
    int b[][3]={0,1,2,0,1,2,0,1,2},i,j,t=1;
    for(i=0;i<3;i++)
        for(j=i;j<=i;j++)
            t=t+b[i][b[j][j]];
    cout<<t;
}
```

  A. 3   B. 4   C. 1   D. 9

34. 若有定义"int aa[8];"，则以下表达式中不能代表数组元素 aa[2]的地址的为（　　　）。

  A. &aa[1]+1   B. &aa[2]   C. &&aa[1]++   D. aa+2

35. 已知"int a,*pa=&a;"，下列表达式中与&*pa 值相同的是（　　　）。

  A. pa   B. a   C. &a   D. &pa

36. 以下程序的输出结果为（　　　）。

```
void main()
{
    char s[]="abcd",*p;
    for(p=s+1;p<s+4;p++)
        cout<<p;
}
```

  A. abcdbcdcdd   B. abcd   C. bcd   D. bcdcdd

37. 有如下程序段

```
void main()
{
    int *p,a=10,b=1;
    p=&a;a=*p+b;
}
```

  执行该程序后，a 的值为（　　　）。

  A. 12   B. 11   C. 10   D. 编译出错

38. 以下程序的输出结果为（　　　）。

```
void main()
{
    int a,*pa;
    double d,*pd;
    cout<<sizeof(pa)<<','<<sizeof(pd);
}
```

  A. 4, 1   B. 4, 4   C. 1, 4   D. 2, 2

39. 以下程序的输出结果为（　　　）。

```
void main()
{
    int x[8]={8,7,6,5,0,0},*s;
    s=x+3;
    cout<<s[2];
}
```

  A. 随机数   B. 0   C. 5   D. 6

40. 以下程序的输出结果为（　　　）。
```cpp
void main()
{
    char ch[2][5]={"6937","8254"},*p[2];
    int i,j,s=0;
    for(i=0;i<2;i++)
        p[i]=ch[i];
    for(i=0;i<2;i++)
        for(j=0;p[i][j]>'\0';j+=2)
            s=10*s+p[i][j]-'0';
    cout<<s;
}
```
A. 69825　　　　B. 63825　　　　C. 6385　　　　D. 693825

41. 以下程序的输出结果为（　　　）。
```cpp
void main()
{
    int a[][3]={{1,2,3},{4,5,0}},(*pa)[3],i;//(*pa)[3]是一个数组指针
    (专门指向数组)，pa=a 即表示前面的整形数组中的第一行赋值给pa，所以(*pa)[3]
    定义了3个//元素，与a[][3]一致
    pa=a;
    for(i=0;i<3;i++)
        if(i<2)
            pa[1][i]=pa[1][i]-1;
        else
            pa[1][i]=1;
    cout<<a[0][1]+a[1][1]+a[1][2];
}
```
A. 7　　　　B. 6　　　　C. 8　　　　D. 无确定值

42. 以下程序的输出结果为（　　　）。
```cpp
void main()
{
    char *s[]={"one","two","three"},*p;
    p=s[1];
    cout<<*(p+1)<<','<<s[0];
}
```
A. n,two　　　　B. t,one　　　　C. w,one　　　　D. o,two

43. 以下程序的输出结果为（　　　）。
```cpp
int *f(int * x,int * y)
{
    if(*x<*y)
        return x;
    else
        return y;
}
void main()
{
    int a=7,b=8,*p,*q,*r;
    p=&a;
    q=&b;
    r=f(p,q);
    cout<<*p<<','<<*q<<','<<*r;
}
```

A. 7，8，8   B. 7，8，7   C. 8，7，7   D. 8，7，8

44. 已知"char a[]="abcde",*p=a;"，则*(p+3)的值是（   ）。

     A. abcde   B. c   C. 不确定   D. d

45. 对于 int *pa[5];的描述，正确的是（   ）。

     A. pa 是一个指向数组的指针，所指向的数组是 5 个 int 型元素

     B. pa 是一个指向某个数组中第 5 个元素的指针，该元素是 int 型变量

     C. pa[5]表示某个数组的第 5 个元素的值

     D. pa 是一个具有 5 个元素的指针数组，每个元素是一个 int 型指针

46. 若有说明"char *s[]={"1234","5678","9012","3456","7890"};"，则表达式*s[1]>*s[3]
比较的是（   ）。

     A. "1234"和"9012"   B. '5'和'3'

     C. '1'和'9'   D. "5678"和"3456"

47. 以下程序输出的结果为（   ）。

```
int fun(char *s)       // char s[]="abcdefg"
{
    char *p=s;
    while(*p!='\0')
        p++;
    return (p-s);
}
void main()
{
    cout<<fun("abcdef")<<endl;
}
```

     A. 3   B. 6   C. 8   D. 0

48. 已知"int a[]={2,4,6,8,10},*p=a;"下列数组元素的地址表示中正确的是（   ）。

     A. *p++   B. &p[1]   C. &(p+2)   D. &(a+2)

49. 以下与 int *q[5];等价的定义语句是（   ）。

     A. int q[5];   B. int * q;   C. int *(q[5]);   D. int (*q)[5];

50. 以下程序输出的结果为（   ）。

```
char *p="abcdefghijklmnopg";
void main()
{
    while(*p++!='e')
        ;
    cout<<*p;
}
```

     A. c   B. d   C. e   D. f

51. 以及程序输出的结果为（   ）。

```
void delch(char *s)
{
    int i,j;
    char *a;
    a=s;
    for(i=0,j=0;a[i]!='\0';i++)
        if(a[i]>='0'&&a[i]<='9')
        {
```

```
            s[j]=a[i];
            j++;
        }
    s[j]='\0';
}
void main()
{
    char item[]="a34bc";
    delch(item);
    cout<<item;
}
```
A. abc   B. 34   C. a34   D. a34bc

二、项目实战

1. 项目描述

本项目是为了完成对单元五中的架构程序的能力整合而制定的。根据结构化设计程序的方法，培养独立完成编写结构化程序及面向对象程序的初步能力。

内容：完成如下程序设计题目。

（1）封装一个类 Robot，实现机器人信息的输入和输出。

要求：输入信息用 4 个不同的方法，输出信息用一个方法。

机器人编号用字符数组，名称用字符串指针，类别用 string 类，电话用 strcpy()，如图 5-36 所示。

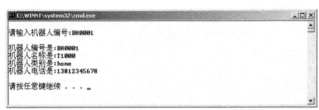

图 5-36　项目调试结果

（2）用函数和数组将 n 个数进行逆序排列，如图 5-37 所示。

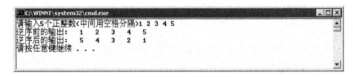

（a）结果（一）

（b）结果（二）

图 5-37　项目调试结果

（3）用函数和数组及指针将 n 个数进行逆序排列。

（4）利用指针，输入某学生若干门课程的成绩，求平均成绩，如图 5-38 所示。

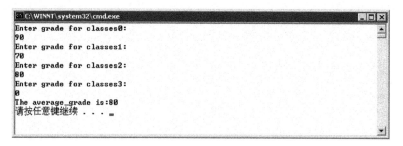

图 5-38　项目调试结果

（5）利用二维数组，输入/输出以下内容，如图 5-39 所示。

方法一：用 3 个二维数组。

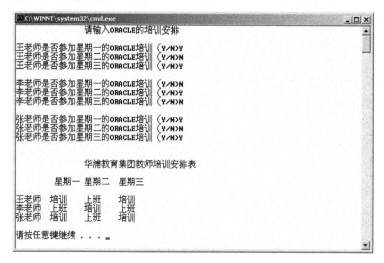

图 5-39　项目调试结果

方法二：用 2 个一维数组和一个二维数组。

2．项目要求

根据所学的知识，综合单元五的内容，编写程序并调试。

（1）编写出解决上述问题的程序。

（2）根据程序运行的结果分析程序的正确性。

3．项目评价

项目实训评价表

一	内　　容		评　　价		
一	学 习 目 标	评 价 项 目	3	2	1
职业 能力	了解一维数组和二维数组的基本 语法	知道一维数组的基本用法			
		知道二维数组的基本用法			

内　容		评　价		
学习目标	评价项目	3	2	1
掌握字符数组和系统字符串函数的应用	能灵活使用字符数组编写程序			
	能灵活使用系统字符串函数来设计算法			
通用能力	阅读能力			
	设计能力			
	调试能力			
	沟通能力			
	相互合作能力			
	解决问题能力			
	自主学习能力			
	创新能力			
综合评价				

评价等级说明表

等　级	说　明
3	能高质、高效地完成此学习目标的全部内容，并能解决遇到的特殊问题
2	能高质、高效地完成此学习目标的全部内容
1	能圆满完成此学习目标的全部内容，不需任何帮助和指导

单元五　数组和指针

单元六

➡ 类 和 对 象

软件公司新招聘的程序员，以前是用 VB 6.0 来开发软件的，在 VB 6.0 中有类模块的概念，但这和 C++ 中的类和对象有很大的不同。而现在公司希望他们能将部分客户以前用 VB 6.0 开发的软件改成用 C++ 开发的软件。该软件中的很多实体都是用类封装的，因此软件公司安排软件开发部的小刘对这些程序员进行培训。要求他们掌握 C++ 的类和对象。小刘表示要保质保量完成领导布置的工作。

学习目标：

- 了解类的封装和对象的使用。
- 了解一般的成员函数、构造函数和析构函数。
- 掌握对象引用作形参。
- 掌握静态成员函数和非静态成员函数。
- 了解友员函数和友员类。
- 掌握异常类的封装和使用。
- 了解指向类的数据成员的指针和指向类的成员函数的指针。
- 了解使用对象指针和对象引用作为函数参数。
- 了解 this 指针。
- 了解对象数组的定义和赋值。
- 了解指向数组的指针和指针数组。
- 掌握带参数的 main() 函数。
- 了解常类型（包括常量、常对象、常指针、常引用、常成员函数、常数据成员）。
- 了解子对象和堆对象（new 和 delete 运算符的用法）。
- 了解异常处理程序。

类和对象

项目一　学会设计及封装

项目描述

软件公司新招聘的程序员对 VB 编程语言中的类模块非常熟悉，但对 C++ 中类的封装不是很清楚。这些程序员要求学习用 C++ 设计和封装类。软件公司要求开发部的小刘负责此项工作。

项目分析

小刘接到项目后，先设计类图，再架构模板，然后将输入、算法、输出填入模板中，最后设计了 3 种主函数的写法来新建对象，然后用对象去调用类中的公有函数。考虑到是熟悉设计及封装类，所以选择了比较简单的算法（输入与输出学生的基本信息）。

项目实施

1. 设计类图（在类中封装属性与方法）（见图 6-1）

类名(表名)
属性(列名)
方法（insert,select）

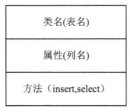

图 6-1　设计类图

2. 用以上类图设计一个学生类（见图 6-2）

Student
id name mobile age
getData()或 Student() judgeAge()

图 6-2　学生类

3. 根据类图设计代码架构

```
// chap06_lx01_Student 类封装.cpp : 定义控制台应用程序的入口点
//1. 系统自动生成的头文件
#include "stdafx.h"
//2. 包含系统输入/输出头文件
#include "iostream"
using namespace std;
//3. 包含字符串操作方法的头文件
#include "string"
//4. 封装学生类
class Student
{   //4.1 封装学生的常用私有属性
    private:
        char id[4];
        char *name;
        string mobile;
        int age;
    //4.2 封装学生的常用公共方法
    public:
    //4.2.1 输入学号
        void getID()
        {
```

```
            }
//4.2.2 输入姓名
   void getName()
   {
   }
//4.2.3 输入手机
   void getMobile()
   {
   }
//4.2.4 输入年龄
   void getAge()
   {
   }
//4.2.5 输入相关信息
   void getData()
   {
   }
//4.2.6 判断年龄
   void judgeAge()
   {
   }
//4.2.7 输出编号
   char [] putID()
   {
   }
//4.2.8 输出姓名
   char * putName()
   {
   }
//4.2.9 输出手机
   string putMobile()
   {
   }
//4.2.10 输出年龄
   int putAge()
   {
   }
//4.2.11 输出相应信息
   void putData()
   {
   }
};
```

4. 将实际内容填充进以上类的代码架构（书写类的完整代码）

```
// chap06_lx01_Student 类封装.cpp ：定义控制台应用程序的入口点
//1. 系统自动生成的头文件
#include "stdafx.h"
//2. 包含系统输入/输出头文件
#include "iostream"
using namespace std;
//3. 包含字符串操作方法的头文件
#include "string"
//4. 封装学生类
class Student
{//4.1封装学生的常用私有属性
```

```
private:
    char id[4];
    char *name;
    string mobile;
    int age;
//4.2 封装学生的常用公共方法
public:
//4.2.1 输入学号
void getID()
{
    //字符数组用键盘输入
    cout<<"请输入学号:";
    cin>>id;
}
//4.2.2 输入姓名
void getName(char *n)
{
    //字符串指针用函数传参
    name=n;
}
//4.2.3 输入手机
void getMobile(string m)
{
    //字符串对象用键盘输入或函数传参都可以
    mobile=m;
}
//4.2.4 输入年龄
void getAge(int a)
{
    //整型用键盘输入或函数传参都可以
    age=a;
}
//4.2.5 输入所有相关信息
void getData(char *n,string m,int a)
{
    getID();
    getName(n);
    getMobile(m);
    getAge(a);
}
//4.2.6 判断年龄
void judgeAge()
{
    if(age<7||age>60)
    {
        cout<<"不符合入学年龄!!!";
    }
}
//4.2.7 输出编号
char * putID()
{
    return id;
}
//4.2.8 输出姓名
char * putName()
```

```
{
    return name;
}
//4.2.9 输出手机
string putMobile()
{
    return mobile;
}
//4.2.10 输出年龄
int putAge()
{
    return age;
}
//4.2.11 输出所有相应信息
void putData()
{
    cout<<"学号是:"<<putID()<<endl;
    cout<<"姓名是:"<<putName()<<endl;
    cout<<"手机是:"<<putMobile()<<endl;
    cout<<"年龄是:"<<putAge()<<endl;
}
//4.2.12 用表格输出所有相应信息
void putTableData()
{
    string myspace(45,'-');
    cout<<myspace << "\n";
    cout<<"\t"<<"学号"<<"\t"<<"姓名"<<"\t"<<"手机"<<"\t\t"<<"年龄"<<"\n";
    cout<<myspace << "\n";
    cout<<"\t"<<putID()<<"\t"<<putName()<<"\t"<<putMobile()<<"\t"<<
    putAge()<<"\n";
    cout<<myspace<<"\n";
}
};
```

5. 用主函数去验证类（方法一）

（1）告知程序员该项目调试的结果，如图6-3所示。

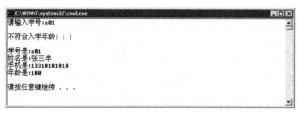

图6-3 "项目调试结果示意图"

（2）要求程序员按照以下的程序架构及注释来编辑主函数的源代码。

```
//5、用主函数去验证学生类
void main()
{   //5.1 方法 1:
    Student s1;
    s1.getData("张三丰","13318181818",180);
    s1.judgeAge();
    s1.putData();
}
```

6. 用主函数去验证类（方法二）

（1）告知程序员该项目调试的结果，如图 6-4 所示。

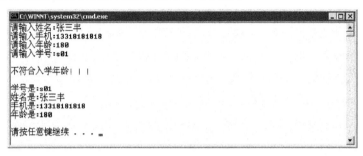

图 6-4 "项目调试结果示意图"

（2）要求程序员按照以下的程序架构及注释来编辑主函数的源代码。

```
//5. 用主函数去验证学生类
void main()
{ //5.1 方法2:
  char name[20];
  string mobile;
  int age;
  cout<<"请输入姓名:";
  cin>>name;
  cout<<"请输入手机:";
  cin>>mobile;
  cout<<"请输入年龄:";
  cin>>age;
  Student s1;
  s1.getData(name,mobile,age);
  s1.judgeAge();
  s1.putData();
}
```

7. 用主函数去验证类（方法三）

（1）告知程序员该项目调试的结果，如图 6- 5 所示。

图 6-5 项目调试结果

（2）要求程序员按照以下的程序架构及注释来编辑主函数的源代码

```
//5. 用主函数去验证学生类
void main()
{ //5.1 方法3:
  char name[20];
  string mobile;
  int age;
```

```
    Student s1;
    s1.getID();
    cout<<"请输入姓名:";
    cin>>name;
    s1.getName(name);
    cout<<"请输入手机:";
    cin>>mobile;
    s1.getMobile(mobile);
    cout<<"请输入年龄:";
    cin>>age;
    s1.getAge(age);
    s1.judgeAge();
    s1.putTableData();
}
```

项目二　类中方法的说明和定义方式

项目描述

软件公司新招聘的程序员对 VB 编程语言中的类模块非常熟悉，但对 C++中的类封装的方法如何书写不是很清楚。因为在其他同事书写的相关类的代码中看到方法的声明和定义的写法各有不同。这些程序员想要区分这几种方法的声明和定义。软件公司要求开发部的小刘负责此项工作。

项目分析

小刘接到项目后，设计了 3 种不同的模板：第一种模板是在类中直接定义方法；第二种模板是在类中说明方法，类外定义方法；第三种模板是类中的属性模板，考虑到是熟悉类中方法的说明和定义方式，所以选择了比较简单的算法（输入与输出学生的姓名）。

项目实施

1. 在类中直接定义方法

（1）告知程序员该项目调试的结果，如图 6-6 所示。

图 6-6　项目调试结果

（2）要求程序员按照以下的程序架构及注释来编辑程序的源代码

```
// chap06_1x02_Student_类内直接定义方法.cpp : 定义控制台应用程序的入口点
//1. 系统自动生成的头文件
#include "stdafx.h"
//2. 包含系统输入输出头文件
#include "iostream"
using namespace std;
//3. 包含字符串操作方法的头文件
#include "string"
```

```
//4. 封装学生类
class Student
{
   //4.1 封装学生的常用私有属性
   private:
      string name;
   //4.2 封装学生的常用公共方法
   public:
      //4.2.1 输入信息
      void getName(string n)
      {
      name=n;
      }
      //4.2.2 输出信息
      void putName()
      {
         cout<<"学生的姓名是:"<<name<<endl<<endl;
      }
};
//5. 用主函数去验证学生类
void main()
{
   //5.1 为类新建对象
   Student s1;
   //5.2 用对象调用输入方法
   s1.getName("张三丰");
   //5.3 用对象调用输出方法
   s1.putName();
}
```

2. 类内前向说明方法(结束加分号),类外定义方法(方法前加类名::)

(1)告知程序员该项目调试的结果,如图6-7所示。

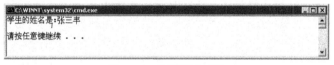

图6-7　项目调试结果

(2)要求程序员按照以下的程序架构及注释来编辑程序的源代码。

```
// chap06_lx03_Student_方法在类内前向说明_类外定义.cpp : 定义控制台应用程序的入口点
//1. 系统自动生成的头文件
#include "stdafx.h"
//2. 包含系统输入/输出头文件
#include "iostream"
using namespace std;
//3. 包含字符串操作方法的头文件
#include "string"
//4. 封装学生类
class Student
{//4.1 封装学生的常用私有属性
   private:
      string name;
      //4.2 封装学生的常用公共方法
   public:
```

```
    //4.2.1 类中前向说明输入方法
    void getName(string n);
    //4.2.2 类中前向说明输出方法
    void putName();
};
//5. 类外定义方法体
void Student::getName(string n)
{
    name=n;
}
void Student::putName()
{
    cout<<"学生的姓名是:"<<name<<endl<<endl;
}
//6. 用主函数去验证学生类
void main()
{
    //6.1 为类新建对象
    Student s1;
    //6.2 用对象调用输入方法
    s1.getName("张三丰");
    //6.3 用对象调用输出方法
    s1.putName();
}
```

注意：类外定义方法时一定要在方法名前添加"类名::"，以避免出现二义性错误。

3. 类中的属性方法在 C++ 中的称谓及作用域

（1）类中的属性称为数据成员；类中的方法称为成员函数。

（2）作用域有 3 种：

- private（私有成员）：类内可见，私有数据成员是不能在类中直接初始化，只能通过类中的公共成员函数为其初始化。默认即为私有成员。
- protected（保护成员）：类内可见，类外有继承关系的派生类（子类）可见，保护数据成员也是不能在类中直接初始化，只能通过类中的公共成员函数为其初始化。
- public（公有成员）：所有可见（类内、类外子类、类外非子类均可见），公共数据成员也是不能在类中直接初始化，可以通过类中的公共成员函数为其初始化或者在主函数用"对象名.公有数据成员名=值;"进行初始化。

（3）错误示例：

```
private:
    string name;
s1.name="张三丰";
错误error C2248: 'Student::name' : cannot access private member declared
in class 'Student'
```

（4）正确示例：

```
public:
    string name;
s1.name="张三丰";
```

（5）告知程序员该项目调试的结果，如图 6-8 所示。

图 6-8　项目调试结果

（6）要求程序员按照以下的程序架构及注释来编辑程序的源代码。

```cpp
// chap06_lx04_Student_作用域范围.cpp : 定义控制台应用程序的入口点
//1. 系统自动生成的头文件
#include "stdafx.h"
//2. 包含系统输入/输出头文件
#include "iostream"
using namespace std;
//3. 包含字符串操作方法的头文件
#include "string"
//4. 封装学生类
class Student
{
   //4.1封装学生的常用私有属性
   private:
      //string name;
   //4.2封装学生的常用公共方法
   public:
      string name;
      //4.2.1输入信息
      void getName(string n)
      {
         name=n;
      }
      //4.2.2输出信息
      void putName()
      {
         cout<<"学生的姓名是:"<<name<<endl<<endl;
      }
};
//5、用主函数去验证学生类
void main()
{
   //5.1为类新建对象
   Student s1;
   //5.2用对象调用数据成员
   s1.name="张三丰";
   //5.3用对象调用输出方法
   s1.putName();
}
```

项目三　类中的构造函数，拷贝构造函数及析构函数

项目描述

软件公司新招聘的程序员对 VB 编程语言中的类模块非常熟悉，但对 C++中的类封装的构造函数、拷贝构造函数及析构函数不是很清楚。因为 C++的构造函数是用来初始化对象的，而析构函数是用来释放对象所占的空间。VB 是面向过程的编程语言，它没有这些概念。而只有面向对象的 VB.net 才有这些概念。这些程序员想要学会用构造函数来初始化对象和用析

构函数来释放对象所占的空间。软件公司要求开发部的小刘负责此项工作。

 **项目分析**

小刘接到项目后，先设计了一个可以区分这 3 种函数的表格，用来比较区别它们，再用项目代码示例来让程序员巩固其用法，考虑到是熟悉类中的构造函数、拷贝构造函数及析构函数，所以选择了比较简单的算法（输入与输出学生的姓名）。

 **项目实施**

让程序员先明确这 3 种函数的区别（见表 6-1）

表 6-1　3 种函数的区别表

项目＼函数	构 造 函 数	拷 贝 构 造 函 数	析 构 函 数
作用	初始化对象	用已知对象初始化未知对象	释放对象所占用的空间
写法	与类名相同 Sample()	与类名相同(形参为对象的引用) Sample(Sample &obj)	与类名相同，前面加(~) ~Sample()
重载	可以	可以	不可以
参数	可有可无，如果无参称为默认构造函数	只能有一个参数	无

调用	自动调用，不能手动调用
	Sample obj;
	Sample obj(3);
	Sample obj(3,4);
		显示调用或隐式调用
		Sample obj1(3,4);
		Sample obj2(obj1);　//显示调用或
		Sample obj2=obj1;　//隐式调用
		callCopyStruct(obj1);//类外函数隐式
		　　　　　　　//调用拷贝构造函数
		void callCopyStruct(Sample obj)
		{
		}
		
			即可以自动调用(无代码)，也可以手动调用（obj1.~Sample();　）

占用空间	3 个对象占用 3 个空间，但 3 个对象共享同一个成员函数的空间		释放所有空间
调用顺序	先构造的后析构，后构造的先析构		

（1）告知程序员该项目调试的结果，如图 6-9 所示。

图 6-9　项目调试结果

（2）要求程序员按照以下的程序架构及注释来编辑程序的源代码。

```
// chap06_lx05_Student_构造_拷贝构造_析构函数.cpp : 定义控制台应用程序入口。
//1. 系统自动生成的头文件
#include "stdafx.h"
//2. 包含系统输入/输出头文件
#include "iostream"
using namespace std;
//3. 包含字符串操作方法的头文件
#include "string"
//4. 封装学生类
class Student
{
    //4.1封装学生的常用私有属性
    private:
        string name;
        //4.2封装学生的常用公共方法
    public:
        //4.2.0 输入信息（用默认构造函数）
        Student()
        {
            cout<<"调用默认构造函数" << endl;
        }
        //4.2.1 输入信息（用构造函数）
            Student(string n)
        {
            cout<<"调用带一个参数的构造函数"<<endl;
            name=n;
        }
        //4.2.2 用拷贝构造函数实现信息输入
        Student(Student &stu)
        {
            cout<<"调用拷贝构造函数"<<endl;
            this->name=stu.name;
        }
        //4.2.3 输出信息（用析构函数）
        ~Student()
        {
            cout<<"调用析构函数"<<endl;
            cout<<"学生的姓名是:"<<name<<endl<<endl;
        }
        //4.2.4 输出姓名
        string putName()
        {
            return name;
        }
};
//5. 类外函数
void callCopyStruct(Student sobj)
{
    cout<<"类外函数输出: "<<sobj.putName()<<endl;
}
//6. 用主函数去验证学生类
void main()
{
    //6.1 为类新建对象自动调用构造函数
        Student s1("张三丰");
```

```
        Student s2("李四");
        Student s3(s1);
        Student s4=s2;
    //6.2自动调用析构函数释放无用对象
    cout<<"\n以下为利用析构函数输出信息: "<<endl;
    //类外函数直接调用
    callCopyStruct(s4);          //间接调用拷贝构造函数
}
```

项目四　结构体与类的区别

 项目描述

软件公司新招聘的程序员对 VB 编程语言中的类模块非常熟悉，但对 C++中的类和结构体的用法很容易混淆。这些程序员要求学习用 C++设计和封装类并能与结构体进行区别。软件公司要求开发部的小刘负责此项工作。

 项目分析

小刘接到项目后，先用一张表格来区别结构体与类，再用项目代码示例来让程序员巩固他们的不同用法，考虑到是熟悉结构体与类的区别象，所以选择了比较简单的算法（输入与输出学生的基本信息）。

 项目实施

结构体与类的区别（见表 6-2）

表 6-2　结构体与类的区别

说　明 ＼ 名　称	结　构　体	类
关键字	struct	class
默认的修饰符	public	private

（1）告知程序员该项目调试的结果，如图 6-10 所示。

图 6-10　项目调试结果

（2）要求程序员按照以下的程序架构及注释来编辑程序的源代码。

```
// chap06_lx06_Student_结构体.cpp : 定义控制台应用程序的入口点
//1. 系统自动生成的头文件
#include "stdafx.h"
//2. 包含系统输入/输出头文件
#include "iostream"
using namespace std;
//3. 包含字符串操作方法的头文件
#include "string"
```

```
//4. 封装学生类
struct Student
{
    //4.1封装学生的常用私有属性
    private:
        string name;
        //4.2封装学生的常用公共方法
    public:
        //4.2.1输入信息
        void getName(string n)
        {
            name=n;
        }
        //4.2.2输出信息
        void putName()
        {
            cout<<"学生的姓名是:"<<name<<endl<<endl;
        }
};
//5. 用主函数去验证学生类
void main()
{
    //5.1为结构体新建对象
    Student s1;
    //5.2用对象调用输入方法
    s1.getName("张三丰");
    //5.3用对象调用输出方法
    s1.putName();
    cout<<sizeof(s1)<<endl;
}
```

项目五　局部类和嵌套类

(项目描述)

软件公司新招聘的程序员对 VB 编程语言中的类模块非常熟悉，但对 C++中的局部类和嵌套类的用法不是很清楚。这些程序员要求学习用 C++设计和封装局部类和嵌套类。软件公司要求开发部的小刘负责此项工作。

(项目分析)

小刘接到项目后，先设计一个局部类的模板，再设计一个嵌套类的模板。考虑到是熟悉局部类和嵌套类，所以选择了比较简单的算法（输入与输出学生的基本信息）。

(项目实施)

1. 局部类

在函数中定义的类，称为局部类，为局部类新建对象应写在函数中，出了函数，局部类对象自动释放。

（1）告知程序员该项目调试的结果，如图 6-11 所示。

图 6-11　项目调试结果

（2）要求程序员按照以下的程序架构及注释来编辑程序的源代码。

```cpp
// chap06_lx07_Student_局部类.cpp ：定义控制台应用程序的入口点
//1. 系统自动生成的头文件
#include "stdafx.h"
//2. 包含系统输入/输出头文件
#include "iostream"
using namespace std;
//3. 包含字符串操作方法的头文件
#include "string"
//4. 封装学生类
class Student
{
   //4.1封装学生的常用私有属性
   private:
      string name;
      //4.2封装学生的常用公共方法
   public:
      //4.2.1输入信息
      void getName(string n)
      {
         name=n;
      }
      //4.2.2输出信息
      void putName()
      {
         cout<<"学生的姓名是:"<<name<<endl<<endl;
      }
};
//5. 类外一般函数(包含局部类),在函数中为局部类新建对象
void myFunc()
{
   class Score
   {
      private:
         double score;
      public:
         void getScore(int s)
         {
            score=s;
         }
         void putScore()
         {
            cout<<"score="<<score<<endl;
         }
   };
   Score sc;
```

```
   sc.getScore(100);
   sc.putScore();
}
//6. 用主函数去验证学生类
void main()
{
   //6.1 为类新建对象
   Student s1;
   //6.2 用对象调用输入方法
   s1.getName("张三丰");
   //6.3 用对象调用输出方法
   s1.putName();
   cout<<sizeof(s1)<<endl;
   //6.4 直接调用类外的一般函数
   myFunc();
}
```

2. **嵌套类**

在类中公共部分创建另一个类，这个类称为外部类，另一个类称为嵌套类,要想访问嵌套类的方法，必须在外部类为嵌套类新建对象，然后用对象去调用嵌套类的方法或者在主函数中用"外部类对象名.内部类对象名.内部类方法"来调用。

（1）告知程序员该项目调试的结果，如图 6-12 所示。

图 6-12　项目调试结果

（2）要求程序员按照以下的程序架构及注释来编辑程序的源代码。

```
// chap06_lx08_Student_嵌套类.cpp : 定义控制台应用程序的入口点
//1. 系统自动生成的头文件
#include "stdafx.h"
//2. 包含系统输入/输出头文件
#include "iostream"
using namespace std;
//3. 包含字符串操作方法的头文件
#include "string"
//4. 封装学生类
class Student
{
   //4.1封装学生的常用私有属性
   private:
      string name;
      //4.2 封装学生的常用公共方法
   public:
      //4.2.1 定义一个嵌套类 Birth(存放学生的出生日期)
      class Birth
      {
         private:
            int year,month,day;
         public:
            void getBirth(int y,int m,int d)
```

```
            {
                year=y;
                month=m;
                day=d;
            }
            int putYear()
            {
                return year;
            }
            int putMonth()
            {
                return month;
            }
            int putDay()
            {
                return day;
            }
        };
        //4.2.2 在外部类为嵌套类新建对象
        Birth bobj;
        //4.2.3 输入信息
    void getName(string n,int y,int m,int d)
        {
            name=n;
            bobj.getBirth(y,m,d);
        }
        //4.2.4 输出信息
        void putName()
        {
            cout<<"学生的姓名是:" <<name<<endl<<endl;
            cout<<"学生的生日是:"<<bobj.putYear()<<"/"<<bobj.putMonth()
            << "/"<<bobj.putDay()<<endl;
        }
};
//5. 用主函数去验证学生类
void main()
{
    //5.1 为类新建对象
    Student s1;
    //5.2 用对象调用输入方法
    s1.getName("张三丰",2000,12,25);
    //5.3 用对象调用输出方法
    s1.putName();
    cout<<sizeof(s1)<<endl;
}
```

项目六 静态数据成员和静态成员函数

项目描述

软件公司新招聘的程序员对 VB 编程语言中的类模块非常熟悉，但对何时使用 C++中类中的静态数据成员和静态成员函数不是很清楚。这些程序员想要学会用静态数据成员和静态成员函数来实现特定的算法。软件公司要求开发部的小刘负责此项工作。

 **项目分析**

小刘接到项目后，先设计了一个可以区分静态数据成员和静态成员函数的表格，用来比较区别它们，再用项目代码示例来让程序员巩固其用法，考虑到是熟悉静态数据成员和静态成员函数，所以选择了比较简单的算法（输入与输出学生的姓名）。

 **项目实施**

静态数据成员和静态成员函数的特点（见表6-3）

表6-3　静态数据成员和静态成员函数的特点

成员和函数 / 说　明	静态数据成员	静态成员函数
类中前向声明	static int n;　（前面加 static）	static void add();　　（前面加 static）

类外定义	（前面加类名::，不能加 static）
	
	int Sample::n=0;
		（前面加类名::，不能加 static）
		
		void Sample::add()
		{
		　　//算法
		}
		如果类内直接定义，就无须声明
		static void add(){　//算法　　}

主函数中访问	Sample::n　（用类名::去访问） 或用"对象名."，或用"类名."	Sample::add() (用类名::去访问) 或用"对象名."，或用"类名."
共性	所有对象都共享同一个静态成员

（1）告知程序员该项目调试的结果，如图6-13所示。

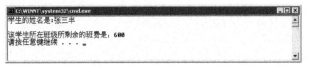

图6-13　项目调试结果

（2）要求程序员按照以下的程序架构及注释来编辑程序的源代码。

```cpp
// chap06_lx09_Student_静态成员.cpp : 定义控制台应用程序的入口点
//1. 系统自动生成的头文件
#include "stdafx.h"
//2. 包含系统输入/输出头文件
#include "iostream"
using namespace std;
//3. 包含字符串操作方法的头文件
#include "string"
//4. 封装学生类
class Student
{
    //4.1 封装学生的常用私有属性
    private:
        string name;
```

```
    static double fee;                    //类内前向说明静态数据成员
        //4.2封装学生的常用公共方法
    public:
        //4.2.1输入信息
        void getName(string n)
        {
            name=n;
        }
        //4.2.2定义一存储班费的方法
        static void saving(double n)      //类内定义静态成员函数
        {
            fee+=n;
        }
        //4.2.3定义一使用班费的方法
        static void spending(double n)    //类内定义静态成员函数
        {
            fee-=n;
        }
        //4.2.4输出信息
        void putInfo()
        {
            cout<<"学生的姓名是:"<<name<<endl<<endl;
            cout<<"该学生所在班级所剩余的班费是: "<<fee<<endl;
        }
};
double Student::fee=0;                    //类外初始化静态数据成员(添加类名::)
//5. 用主函数去验证学生类
void main()
{
    //5.1 为类新建对象
    Student s1,s2;
    //5.2用对象调用输入方法
    s1.getName("张三丰");
    s2.getName("李四");
    //5.3用类名::去调用静态方法
    Student::saving(500);
    Student::spending(100);
    //5.4用对象名去访问静态方法
    s1.saving(200);
    s2.saving(300);
    s1.spending(100);
    s2.spending(200);
    //5.5用对象调用输出方法
    s1.putInfo();
}
```

项目七　友元函数与友元类

项目描述

　　软件公司新招聘的程序员对 VB 编程语言中的类模块非常熟悉，但对何时使用 C++的友元函数与友元类不是很清楚。这些程序员想要学会用友元函数与友元类来实现特定的算法。软件公司要求开发部的小刘负责此项工作。

项目分析

　　小刘接到项目后,先设计了一个可以区分友元函数与友元类的表格,用来比较区别它们,再用项目代码示例来让程序员巩固其用法,考虑到是熟悉友元函数与友元类,所以选择了比较简单的算法(输入与输出学生的姓名)。

项目实施

1. 友元函数与友元类的特点(见表6-4)

表6-4　友元函数与友元类的特点

说　明　＼　函数与类	友　元　函　数	友　元　类
使用目的	破坏封装,访问类中的所有成员	友元类 A 中所有成员函数都自动升级为友元函数,这样就可访问包含友元类的 B 类中的所有成员

前向声明	friend void output(Sample &obj);
	(加 friend 关键字)
		//类 A 是类 B 的友元类,也就是类 B 把类 A 当成朋友
		class B
		{　public:
		　　　friend A; //加 friend 关键字
		};

类外定义	void output(Sample &obj)
	{
	　　//算法
	}
	(不能加 friend 关键字和类名::)
		void A::display(B &b)
		{
		　　cout << b.name;
		}

主函数中调用	output(obj) (不能用对象名去调用,而是直接调用)	A　aobj; B　bobj; aobj.display(bobj);

2. 友元函数

(1)告知程序员该项目调试的结果,如图6-14所示。

图6-14　项目调试结果

(2)要求程序员按照以下的程序架构及注释来编辑程序的源代码。

```
// chap06_lx10_Student_友元函数.cpp ：定义控制台应用程序的入口点
//1. 系统自动生成的头文件
#include "stdafx.h"
//2. 包含系统输入/输出头文件
#include "iostream"
using namespace std;
//3. 包含字符串操作方法的头文件
#include "string"
//4. 封装学生类
```

```
class Student
{
    //4.1封装学生的常用私有属性
    private:
        string name;
        //4.2封装学生的常用公共方法
    public:
        //4.2.1输入信息
        void getName(string n);
        //4.2.2输出信息
        friend void putName(Student &obj);
};
//5. 类外定义函数体
void Student::getName(string n)
{
    name=n;
}
void putName(Student &obj)
{
    cout<<"学生的姓名是:" <<obj.name<<endl<<endl;
}
//6. 用主函数去验证学生类
void main()
{
    //6.1为类新建对象
    Student s1;
    //6.2用对象调用输入方法
    s1.getName("张三丰");
    //6.3直接调用友元函数输出信息
    putName(s1);
}
```

3. 友元类

（1）告知程序员该项目调试的结果，如图 6-15 所示。

图 6-15　项目调试结果

（2）要求程序员按照以下的程序架构及注释来编辑程序的源代码。

```
// chap06_lx11_Student_友元类.cpp ：定义控制台应用程序的入口点
//1. 系统自动生成的头文件
#include "stdafx.h"
//2. 包含系统输入/输出头文件
#include "iostream"
using namespace std;
//3. 包含字符串操作方法的头文件
#include "string"
class Score;
//4. 封装学生类
class Student
{
```

```
    //4.1 封装学生的常用私有属性
    private:
        string name;
        //4.2 封装学生的常用公共方法
    public:
        //4.2.1 输入信息
        void getName(string n)
        {
            name=n;
        }
        //4.2.2 输出信息
        void putName(Score &obj);
};
class Score
{
    private:
        double score;
    public:
        void getScore(int s)
        {
            score=s;
        }
        friend Student;
};
void Student::putName(Score &obj)
{
    cout<<"学生的姓名是:"<<name<<endl<<endl;
    cout<<"score="<<obj.score<<endl;
}
//5. 用主函数去验证学生类
void main()
{
    //5.1 为类新建对象
    Student s1;
    s1.getName("张三丰");
    Score sc;
    sc.getScore(385.6);
    s1.putName(sc);
}
```

项目八　异常处理

项目描述

　　软件公司新招聘的程序员对 VB 编程语言中的语法错误、运行时错误、逻辑错误非常熟悉，可 C++中是用异常处理来解决运行时错误的。因此，这些程序员想要学会用异常处理来解决运行时错误。软件公司要求开发部的小刘负责此项工作。

项目分析

　　小刘接到项目后，先教会程序员学会异常处理的基本书写格式，再用项目代码示例来让程序员巩固类中的异常处理书写格式，考虑到是熟悉异常处理，所以选择了比较简单的算法。

项目实施

1. 异常处理的基本书写格式（try,throw,catch)

```
try
  {
     //try 块中包含可能发生异常的代码
     //throw 用来抛出异常（测试异常时用）
     throw '3';
  }
  catch(int t)
  {
     //catch 块中封装具体的异常处理代码
     cout<<"输出整型"<<"t="<<t<<endl;
  }
  catch(double t)
  {
     cout<<"输出浮点型"<<"t="<<t<<endl;
  }
  catch(char *t)
  {
     cout<<"输出字符串"<<"t="<<t<<endl;
  }
  catch(...)
  {
     cout<<"未知异常"<<endl;
  }
```

2. 类中的异常处理

（1）告知程序员该项目调试的结果，如图 6-16 所示。

图 6-16　项目调试结果

（2）要求程序员按照以下的程序架构及注释来编辑程序的源代码。

```
// chap06_lx12_Student_异常处理.cpp ：定义控制台应用程序的入口点
//1. 系统自动生成的头文件
#include "stdafx.h"
//2. 包含系统输入/输出头文件
#include "iostream"
using namespace std;
//3. 包含字符串操作方法和异常方法的头文件
#include "string"
#include "exception"
//4. 封装学生类
class Student
{
  //4.1封装学生的常用私有属性
  private:
    string name;
    int age;
    //4.2 封装学生的常用公共方法
```

```
    public:
        //4.2.1 输入信息
        void getInfo(string n,int a)
        {
            name=n;
            age=a;
        }
        //4.2.2 书写算法
        void judgeAge()
        {
            if(age<7 ||age>60)
            {
                exception ex("年龄不符合入学条件!!!");
                throw ex;
            }
        }
        //4.2.3 输出信息
        void putInfo()
        {
            cout<<"学生的姓名是:"<<name<<endl<<endl;
            cout <<"学生的年龄是:"<<age<<endl<<endl;
        }
};
//5. 用主函数去验证学生类
void main()
{
    try
    {
        //5.1 为类新建对象
        Student s1;
        //5.2 用对象调用输入方法
        s1.getInfo("张三丰",180);
        //5.3 用对象调用判断方法
        s1.judgeAge();
        //5.4 用对象调用输出方法
        s1.putInfo();
    }
    catch(exception ex)
    {
        cout << "发生异常: "<<ex.what()<<endl;
    }
}
```

■ 相关知识与技能

一、类的一般格式

（1）类是一种用户自定义的数据类型。

（2）类的一般定义格式如下：

```
class <类名>
{
private:
    <私有数据成员和成员函数>;
```

```
protected:
    <保护数据成员和成员函数>;
public:
    <公有数据成员和成员函数>;
}
<各个成员函数的实现>;
```

（3）定义类时应注意的事项：

- 在类内不允许对所定义的数据成员进行初始化。
- 类中的数据成员的类型可以是任意的。
- 在类内先说明公有成员，后说明私有成员。
- 一般将类定义的说明部分或者整个定义部分（包含实现部分）放在一个头文件中；在类的说明部分之后必须加分号"；"。

（4）由于类和结构是等价的，对类的 5 种操作对结构也同样适用：

- 对象之间可以相互赋值。
- 对象可以作为数组的元素。
- 可以说明指向对象的指针，但不能取私有数据成员的指针或成员函数的地址。
- 对象可以作为函数的参数，既可作值参（不影响实参），也可以作引用参数。
- 一个对象可以是另一个对象的成员。

二、定义类对象

（1）格式：

```
<类名><对象名表>;
```

（2）对象成员的表示方法：

- 访问对象成员。
- 用指针访问对象成员。
- 用引用传递访问对象成员。

（3）局部对象：当对象被定义时调用构造函数，该对象被创建，当程序退出定义该对象所在的函数体或程序块时，调用析构函数，释放该对象。

（4）静态对象：当程序第一次执行所定义的静态对象时，该对象被创建，当程序结束时，该对象被释放。

（5）全局对象：当程序开始时，调用构造函数创建该对象；当程序结束时，调用析构函数释放该对象。

三、类作用域

类作用域是指在类的声明中用一对花括号括起来的部分。

（1）一般来说，类中包含的成员都具有类作用域。

（2）在类作用域中声明的标识符在该类中具有可见性，其作用域与该标识符声明的次序无关。

（3）类作用域还包括类中成员函数的作用域。所以，当成员函数的函数体中使用一个标识符时，编译程序首先在成员函数内寻找其声明，如果没找到则在该成员函数所在的类中寻找，如果仍然没找到，则在包含类作用域更大的作用域中做最后寻找。

（4）类的成员函数无论是内联的还是在类外单独定义的，其函数名都具有类作用域。与块作用域一样，类作用域中的标识符将屏蔽包含该类作用域中的同名标识符。

四、构造函数是一种用于创建对象的特殊成员函数

（1）当创建对象时，系统自动调用构造函数，不能在程序中直接调用。

（2）构造函数名与类名相同。

（3）一个类可以拥有多个构造函数（重载）。

（4）构造函数可以有任意类型的参数，但不能具有返回类型。

（5）构造函数的作用是：为对象分配空间；对数据成员赋初值；请求其他资源。

（6）如果一个类没有定义构造函数，编译器会自动生成一个不带参数的默认构造函数，其格式如下：

```
<类名>::<默认构造函数名>（）{ }
```

在程序中定义一个对象而没有指明初始化时，编译器便按默认构造函数来初始化该对象。

（7）构造函数的特点如下：

- 构造函数是成员函数，函数体可写在类体内，也可写在类体外。
- 构造函数是一个特殊的函数，该函数的名字与类名相同，该函数不指定类型说明，它有隐含的返回值，该值由系统内部使用。该函数可以有一个参数，也可以有多个参数。
- 构造函数可以重载，即可以定义多个参数个数不同的函数。
- 程序中不能直接调用构造函数，在创建对象时系统自动调用构造函数。

（8）带参数的构造函数可以在创建对象时，用具体数值初始化数据成员和各种数据元素。

注意：构造函数的参数个数和类型规定了声明一个对象时，为对这个对象进行初始化所需要的初始值的个数和类型。

五、析构函数

（1）名字为符号"~"加类名。

（2）析构函数没有参数和返回值。

（3）一个类中只可能定义一个析构函数。

（4）析构函数不能重载。

（5）析构函数是用于取消对象的成员函数，当一个对象作用域结束时，系统自动调用析构函数。

（6）析构函数的作用是进行清除对象，释放内存等。

（7）当对象超出其定义范围时（即释放该对象时），编译器自动调用析构函数。

（8）在以下情况下，析构函数也会被自动调用：

- 如果一个对象被定义在一个函数体内，则当这个函数结束时，该对象的析构函数被自动调用。
- 若一个对象是使用 new 运算符动态创建的，在使用 delete 运算符释放它时，delete 将会自动调用析构函数。

（9）析构函数的特点如下：

- 析构函数是成员函数，函数体可写在类体内，也可写在类体外。

- 析构函数也是一个特殊的函数，它的名字同类名，并在前面加"~"字符，用来与构造函数加以区别。析构函数不指定数据类型，并且也没有参数。
- 一个类中只可能定义一个析构函数。
- 析构函数可以被调用，也可以系统调用。

六、拷贝构造函数

（1）拷贝构造函数主要在如下 3 种情况中起初始化作用：

- 声明语句中用一个对象初始化另一个对象；例如，TPoint P2(P1)表示由对象 P1 初始化 P2 时，需要调用拷贝构造函数。
- 将一个对象作为参数按值调用方式传递给另一个对象时生成对象副本。当对象作为函数实参传递给函数形参时，如 p=f(N)，在调用 f()函数时，对象 N 是实参，要用它来初始化被调用函数的形参，这时需要调用拷贝构造函数。
- 生成一个临时的对象作为函数的返回结果。但对象作为函数返回值时，如 return R 时，系统将用对象 R 来初始化一个匿名对象，这时需要调用拷贝构造函数。

（2）拷贝构造函数的特点如下：

- 该函数名同类名，因为它也是一种构造函数，并且该函数也不被指定返回类型。
- 该函数只有一个参数，并且是对某个对象的引用。
- 每个类都必须有一个拷贝构造函数，其格式如下：

<类名>::<拷贝初始化构造函数名>（const<类名>&<引用名>）

（3）拷贝构造函数的表示：

- 当构造函数的参数为自身类的引用时，这个构造函数称为拷贝构造函数。
- 拷贝构造函数的功能是用一个已有对象初始化一个正在建立的同类对象。

（4）拷贝构造函数的执行

- 用已有对象初始化创建对象。
- 当对象作函数参数时，因要用实参初始化形参，也要调用拷贝构造函数。
- 函数返回值为类类型时，情况也类似。

七、对嵌套类的若干说明

（1）从作用域的角度看，嵌套类被隐藏在外围类之中，该类名只能在外围类中使用。如果在外围类的作用域内使用该类名时，需要加名字限定。

（2）从访问权限角度看，嵌套类名与它的外围类的对象成员名具有相同的访问权限规则。

（3）嵌套类中的成员函数可以在它的类体外定义。

（4）嵌套类中说明的成员不是外围类中对象的成员，反之亦然。

（5）在嵌套类中说明的友元对外围类的成员没有访问权限。

（6）如果嵌套类比较复杂，可以只在外围类中对嵌套类进行说明，关于嵌套的详细的内容可在外围类体外的文件域中进行定义。

八、引用

（1）就是为某个变量或隐含的临时变量起个别名，对别名的操作等同于对目标变量操作。

（2）引用的定义方法：

> <类型>& <变量>=<目标对象>；

其中的变量就是目标对象的引用。

（3）引用的类型为"<类型>&"；引用本身不是变量，它是某个变量的别名，其本身不占存储空间。

（4）定义引用时必须指出目标对象（必须进行初始化），目标对象必须是单个对象且已定义或已声明（或系统隐含声明）。

（5）引用具有如下两个特点：

● 引用声明后，对引用的操作等同于对目标对象的操作。

● 引用一旦初始化，它就维系在一个固定的目标上，再也不分开。

（6）以指针作为函数参数，形参改变，对应的实参随之改变，但如果在函数中反复利用指针进行间接访问，容易产生错误且难于理解。如果以引用作为参数，既可以实现与指针作为函数参数类似的功能，可读性也好且语法简单。

（7）在实际中，使用对象引用作函数参数要比使用对象指针作函数参数更普遍，这是因为使用对象引用作函数参数具有用对象指针作函数参数的优点，而用对象引用作函数参数将更简单，更直接。所以，在 C++ 编程中，人们喜欢用对象引用作函数参数。

（8）函数返回值时，要生成一个值的副本，而用引用返回值时，不生成值的副本。所以，绝对不能返回不在作用域内的对象的引用。

九、静态数据成员

（1）使用方法如下：

● 静态数据成员的定义与一般数据成员相似，但前面要加上 static 关键词。

● 静态数据成员的初始化与一般数据成员不同，具体格式如下：

> <类型> <类名>::<静态数据成员>=<值>；

● 在引用静态数据成员时采用格式：

> <类名>::<静态数据成员>

（2）C++ 中，同一个类定义多个对象时，每个对象拥有各自的数据成员（不包括静态数据成员），而所有对象共享一份成员函数和一份静态数据成员。

● 静态数据成员是类的所有对象中共享的成员，而不是某个对象的成员，因此可以实现多个对象间的数据共享。

● 静态数据成员不属于任何对象，它不因对象的建立而产生，也不因对象的析构而删除，它是类定义的一部分，所以使用静态数据成员不会破坏类的隐蔽性。

● 静态数据成员是静态存储的，它是静态生存期，必须对它进行初始化。

（3）静态成员函数与静态数据成员类似，也是从属于类。

● 静态成员函数的定义是在一般函数定义前加上 static 关键字。

● 调用静态成员函数的格式如下：

> <类名>::<静态成员函数名>（<参数表>）；

● 静态成员函数与静态数据成员一样，与类相联系，不与对象相联系，只要类存在，静态成员函数就可以使用，所以访问静态成员函数时不需要对象。

- 静态成员函数没有 this 指针，因此，静态成员函数只能直接访问类中的静态成员。若要访问类中的非静态成员，必须借助对象名或指向对象的指针。

十、定义友元函数的方式

（1）在类定义中用关键词 friend 说明该函数，其格式如下：

```
friend <类型> <友元函数名>（<参数表>）；
```

友元函数说明的位置可在类的任何部位，既可在 public 区，也可在 protected 区，意义完全一样。友元函数定义则在类的外部，一般与类的成员函数定义放在一起。

（2）友元函数与其他普通函数的不同之处在于：

- 友元必须在某个类中说明，它拥有访问说明它的类中所有成员的特权；而其他普通函数只能访问类中的公有成员。
- 友元说明可以出现在类的私有部分、保护部分和公有部分，但这没有任何区别。
- 应说明的是：使用友元虽然可以提高程序的运行效率，但却破坏了类的封装性。因此，在实际应用中应慎重使用友元。

（3）C++允许说明一个类为另一个类的友元类。

- 如果 A 是 B 的友员类，则 A 中的所有成员函数可以像友员函数一样访问 B 类中的所有成员。定义格式如下：

```
class B
{  friend class A;      //A的所有成员函数均为B的友元函数
   //...
};
```

- 友元关系不可以被继承。假设类 A 是类 B 的友元，而类 C 从类 B 派生，如果没有在类 C 中显式地使用下面的语句：friend class A；那么，尽管类 A 是类 B 的友元，但这种关系不会被继承到类 C。

十一、类模板

（1）说明的一般形式如下：

```
template  <类型形参表>
class  <类名>
{  //类说明体};
template  <类型形参表>
<返回类型> <类名> <类型名表>::<成员函数1>（形参表）
{ //成员函数定义体}
template  <类型形参表>
<返回类型> <类名> <类型名表>::<成员函数2>（形参表）
{ //成员函数定义体}
...
template  <类型形参表>
<返回类型> <类名> <类型名表>::<成员函数n>（形参表）
{ //成员函数定义体}
```

（2）与函数模板一样，类模板不能直接使用。

- 必须先实例化为相应的模板类，定义该模板类的对象后才能使用。
- 建立类模板之后，可用下列方式创建类模板的实例

<类名> <类型实参表> <对象>；

其中，<类型实参表>应与该类模板中的<类型形参表>匹配。<类型实参表>是模板类（template class），<对象>是定义该模板类的一个对象。

（3）标准模板库（Standard Template Library，STL）是一个基于模板的容器库，它包括向量、链表、队列和栈，还包括了一些通用的算法，如排序和搜索等，已经成为 C++ 标准。C++ 的 STL 是一个功能强大的库，它可以满足用户对包容器和算法的巨大需求，而且是一种完全可移植的方式。

十二、指向类的成员的指针

1. 不同指向的区别（见表 6-5）

表 6-5 指向数据成员的指针与指向成员函数的指针的区别

指针 说明	指向数据成员的指针	指向成员函数的指针
格式	<类型说明符><类名>::*<指针名>	<类型说明符>（<类名>::*<指针名>）（<参数表>）；
范例	int A:: *pc = &A::c; *pc=3;　　//初始化	int (A:: *pfun)()=&A::fun; A *p=&x;　　//对象指针 (p->*pfun)(5)　　//调用函数

2. 要求程序员按照以下的程序架构及注释来编辑源代码

```cpp
// chap06_lx13_Student_指向类的成员的指针.cpp ：定义控制台应用程序的入口点
#include "stdafx.h"
#include "iostream"
using namespace std;
#include "string"
class Student
{
  private:
    string name;
    int age;
  public:
    double score;
    Student(string name,int age)
    {
      this->name=name;
      this->age=age;
    }
    bool judge()
    {
      if(age<7||age>60)
      {
        return false;
      }
      else
      {
        return true;
      }
    }
```

```
    void outInfo()
    {
        if(judge())
        {
            cout<<"name="<<name<<endl;
            cout<<"age="<<age<<endl;
            cout<<"score="<<score<<endl;
        }
        else
        {
            cout<<"年龄不符合入学条件！"<<endl;
        }
    }
};
void main()
{
    //1. 给类新建一个对象sobj
    Student sobj("张三",23);    //sobj.name="张三";  sobj.age=23
    //2. 新建一个指向类的对象的指针,指向对象 sobj
    Student *pobj;                //或写为: Student *pobj=&sobj;
    pobj=&sobj;
    //3. 新建一个指向类的数据成员的指针,指向公有数据成员 score,并为其初始化
    double Student::*pvar;        //或写为 double Student::*pvar=&Student::score;
    pvar=&Student::score;
    pobj->*pvar=430.5;           //等价于 sobj.score=430.5
    //4. 新建一个指向类的成员函数的指针
    //指向公有的成员函数 outInfo(),用以输出信息
    void (Student::*pfun)();      //或写为void (Student:*pfun)(void)=Student::outInfo;
    pfun=&Student::outInfo;
    (pobj->*pfun)();
}
```

3. 告知程序员该项目调试的结果（见图6-17）

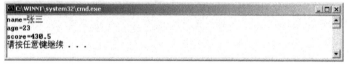

图6-17 项目调试结果

十三、教学示范：对象指针或对象引用作函数形参

1. 对象指针或对象引用之间的区别（见表6-6）

表6-6 对象指针与对象引用的区别

指针 说明	对 象 指 针	对 象 引 用
格式	返回类型 函数名(类名 *对象指针名); 对象名.函数名(&对象)	返回类型 函数名(类名&对象引用名); 对象名.函数名(对象)

范例	void copy(Sample *A) //以类指针为参数的成员函数
	{
	    x=A->x;y=A->y;
	}
	Sample c1(10,20),c2;
	c2.copy(&c1);
		void copy(Sample &A)
		{
		    x=A.x;y=A.y;
		}
		Sample c1(10,20),c2;
		c2.copy(c1);

2. **要求程序员按照以下的程序架构及注释来编辑源代码**

```cpp
// chap06_lx14_Student_对象指针与对象引用.cpp：定义控制台应用程序的入口点
#include "stdafx.h"
#include "iostream"
using namespace std;
#include "string"
class Student
{
   private:
      string name;
      int age;
   public:
      Student()
      {
         name="null";
         age=0;
      }
      Student(string name,int age)
      {
         this->name=name;
         this->age=age;
      }
      Student(Student *sobj)
      {
         this->name=sobj->name;
         this->age=sobj->age;
      }
      Student & judge(Student &sref)
      {
         if(age<7)
         {
            sref.age=7;
         }
         else if(age>60)
         {
            sref.age=60;
         }
         return sref;
      }
      void outInfo(string str,Student &ref)
      {
         cout<<"以下为"<<str<<"的信息："<<endl;
         cout<<"name="<<ref.name<<endl;
         cout<<"age="<<ref.age<<endl<<endl;
      }
};
void main()
{
   Student obj1("张三丰",30);
   obj1.outInfo("对象",obj1.judge(obj1));
   Student obj2(&obj1);
   obj2.outInfo("对象",obj2.judge(obj2));
   Student obj3;
   obj3.outInfo("对象",obj3.judge(obj3));
}
```

3. 告知程序员该项目调试的结果（见图6-18）

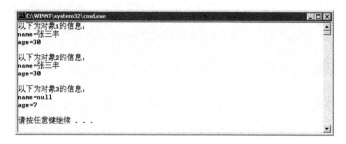

图6-18　项目调试结果

十四、this 指针

一个对象的 this 指针并不是对象本身的一部分，不会影响 sizeof（对象）的结果。this 作用域是在类内部，当在类的非静态成员函数中访问类的非静态成员时，编译器会自动将对象本身的地址作为一个隐含参数传递给函数。也就是说，即使没有写上 this 指针，编译器在编译时也是加上 this 的，它作为非静态成员函数的隐含形参，对各成员的访问均通过 this 进行。例如以下例子：

```
void setData(int n){ this->number=n}       // this 表示指向当前对象的指针
Sample outInfo(){  return *this  }         //*this 表示当前对象的内容
Sample  &obj;                              //this==&obj 就是判断 obj 是否为自身
```

十五、对象数组

1. 书写格式

```
类名 对象数组名[数组长度];
for(int i=0;i<数组长度;i++){对象数组名[下标i].成员函数(实参);}
类名 对象数组名[数组长度]={类名(实参1),类名(实参2),...};//创建对象数组时同时实例化
                                                        //具体对象
```

2. 代码示例1：成员函数

（1）告知程序员该项目调试的结果，如图6-19所示。

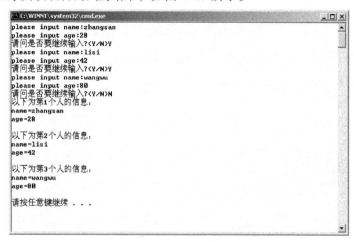

图6-19　"项目调试结果示意图"

（2）要求程序员按照以下的程序架构及注释来编辑源代码

```cpp
// chap06_lx15_Student_对象数组.cpp ：定义控制台应用程序的入口点。
#include "stdafx.h"
#include "iostream"
using namespace std;
#include "string"
class Student
{
    private:
        string name;
        int age;
    public:
        Student()
        {
            name="null";
            age=0;
        }
        Student(string name,int age)
        {
            this->name=name;
            this->age=age;
        }
        void inputInfo()
        {
            cout<<"please input name:" ;
            cin>>name;
            cout<<"please input age:" ;
            cin>>age;
        }
        void outInfo(int n)
        {
            cout<<"以下为第"<<n<<"个人的信息: "<<endl;
            cout<<"name="<<name<<endl;
            cout<<"age="<<age<<endl<<endl;
        }
};
void main()
{
    char c;
    int count=0;
    const int N=100;
    Student obj[N];
    do
    {
        obj[count].inputInfo();
        count++;
        cout<<"请问是否要继续输入?(Y/N)";
        cin>>c;
    }while(c=='y'||c=='Y');
    for(int i=0;i<count;i++)
    {
        obj[i].outInfo(i+1);
    }
}
```

3. 代码示例2：构造函数

（1）告知程序员该项目调试的结果，如图6-20所示。

```
C:\WINNT\system32\cmd.exe                                    _|□|×
please input name:zhangsan
please input age:25
请问是否要继续输入?<Y/N>Y
please input name:lisi
please input age:82
请问是否要继续输入?<Y/N>N
以下为第1个人的信息:
name=zhangsan
age=25

以下为第2个人的信息:
name=lisi
age=82

请按任意键继续 . . . _
```

图 6-20　项目调试结果

（2）要求程序员按照以下的程序架构及注释来编辑源代码。

```cpp
// chap06_1x16_Student_对象数组.cpp : 定义控制台应用程序的入口点。
#include "stdafx.h"
#include "iostream"
using namespace std;
#include "string"
class Student
{
  private:
    string name;
    int age;
  public:
    Student()
    {
      name="null";
      age=0;
    }
    Student(string name,int age)
    {
      this->name=name;
      this->age=age;
    }
    void inputInfo()
    {
      cout<<"please input name:"<<endl;
      cin>>name;
      cout<<"please input age:"<<endl;
      cin>>age;
    }
    void outInfo(int n)
    {
      cout<<"以下为第"<<n<<"个人的信息: "<<endl;
      cout<<"name="<<name<<endl;
      cout <<"age="<<age<<endl<<endl;
    }
};
void main()
{ char c;
  int count=0;
  const int N=100;
  Student obj[N];
```

```
    string name;
    int age;
/*
    Student sobj[3]={
        Student("zhangsan",33)
        Student("lisi",45)
        Student("wangwu",23)
    };
*/
    do
    {
        cout<<"please input name:";
        cin>>name;
        cout<<"please input age:" ;
        cin>>age;
        obj[count]=Student(name,age);
        count++;
        cout<<"请问是否要继续输入?(Y/N)";
        cin>>c;
    }while(c=='y'||c=='Y');
    for(int i=0;i<count;i++)
    {
        obj[i].outInfo(i+1);
    }
}
```

十六、指向数组的指针与指针数组

1. 指向数组的指针与指针数组的区别（见表 6-7）

表 6-7　指向数组的指针与指针数组的区别

项目 说明	指向数组的指针	指针数组
格式	类名 (*指针名)[二维数组的总列数]=二维对象数组名;	类名 *指针数组名[数组长度]={&对象 1 的地址，&对象 2 的地址,....};
范例	Sample c[2][4]; Sample (*p)[4]=c; (*(*(p+i)+j)).disp()	Sample c1(1,2),c2,c3(3,4); Sample *Array[3]={&c1,&c2,&c3}; Array[i]->disp();

2. 代码示例 1：指向数组的指针

（1）告知程序员该项目调试的结果，如图 6-21 所示。

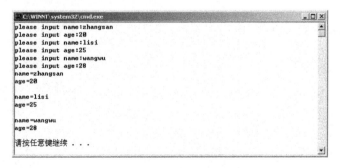

图 6-21　项目调试结果

（2）要求程序员按照以下的程序架构及注释来编辑源代码。

```cpp
// chap06_lx17_Student_指向数组的指针.cpp ：定义控制台应用程序的入口点
#include "stdafx.h"
#include "iostream"
using namespace std;
#include "string"
class Student
{
   private:
      string name;
      int age;
   public:
      Student()
      {
         cout<<"please input name:" ;
         cin>>name;
         cout<<"please input age:" ;
         cin>>age;
      }
      Student(string name,int age)
      {
         this->name=name;
         this->age=age;
      }
      void outInfo()
      {
         cout<<"name="<<name<<endl;
         cout<<"age="<<age<<endl<<endl;
      }
};
void main()
{
   char c;
   int i,j;
   int count=0;
   const int M=1;
   const int N=3;
   Student obj[M][N];
   /*可省略
   for(i=0;i<M;i++)
   {
      for(j=0;j<N;j++)
      {
         obj[i][j]=Student();
      }
   }
   */
   Student (*p)[N]=obj;              //指向二维对象数组的指针
   for(i=0;i<M;i++)
   {
      for(j=0;j<N;j++)
      {
         (*(*(p+i)+j)).outInfo();  //相当于 obj[i][j].outInfo();
      }
```

```
    }
}
```

3. 代码示例 2: 指针数组

（1）告知程序员该项目调试的结果，如图 6-22 所示。

图 6-22　项目调试结果

（2）要求程序员按照以下的程序架构及注释来编辑源代码

```
// chap06_lx18_Student_指针数组.cpp ：定义控制台应用程序的入口点
#include "stdafx.h"
#include "iostream"
using namespace std;
#include "string"
class Student
{
    private:
        string name;
        int age;
    public:
        Student()
        {
            name="null";
            age=0;
        }
        Student(string name,int age)
        {
            this->name=name;
            this->age=age;
        }
        void outInfo(int n)
        {
            cout<<"以下为第"<<n<<"个人的信息: " << endl;
            cout<<"name="<name<<endl;
            cout<<"age="<<age<<endl<<endl;
        }
};
void main()
{

    Student sobj[3]={
        Student("zhangsan",33),
        Student("lisi",45),
        Student("wangwu",23)
    };
    Student *p[3];     //声明一个指针数组(里面包含3个指针,每个数组元素都是指针)
```

```
for(int i=0;i<3;i++)
{
    p[i]=&sobj[i];
    p[i]->outInfo(i+1);
}
}
```

拓展与提高

一、主函数带参数

1. 基本写法

```
void main(int argc, char *argv[])
```

（1）argc：代表实参的个数（包括命令字）。

（2）argv：代表指针数组，可以指向多个字符串。

（3）argv[0]代表命令字。

（4）argv[1]代表第一个实参。

（5）argv[2]代表第二个实参。

2. 执行方法(DOS 界面)

```
lx.exe "hello1" "hello2"
```

3. 代码示例

（1）告知程序员该项目调试的结果，如图 6-23、图 6-24 所示。

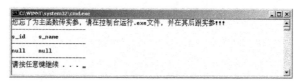

图 6-23　项目调试结果（一）

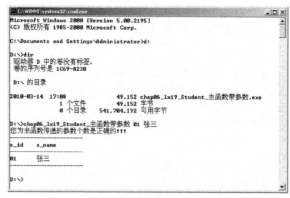

图 6-24　项目调试结果（二）

（2）要求程序员按照以下的程序架构及注释来编辑源代码。

```
// chap06_lx19_Student_主函数带参数.cpp：定义控制台应用程序的入口点
//1. 包含系统头文件
#include "stdafx.h"
```

```cpp
#include "iostream"
using namespace std;
//2. 用类来实现表格的架构:
class Student
{
  private:
    char *s_id;
    char *s_name;
  public:
//3. 在类中前向声明输入/输出函数:
    void getdata(char *i,char *n);
    void puthead();
    void putdata();
};
//4. 类外定义输入函数输入每一行信息:
void Student::getdata(char *i,char *n)
{
  s_id=i;
  s_name=n;
}
//5. 类外定义输出函数输出表头及每一行信息
void Student::puthead()
{
  cout<<"----------------------"<<endl;
  cout<<"s_id"<<"\t"<<"s_name"<<"\t"<<"\n";
  cout<<"----------------------"<<endl;
}
void Student::putdata()
{
  cout<<s_id<<"\t"<<s_name<<"\t"<<"\n";
  cout<<"----------------------"<<endl;
}
//6. 在主函数中通过为类新建对象, 并用对象调用输入函数输入, 输出函数输出:
int main(int argc,char *argv[])
{
  char *id,*name;
  Student fu;
  if (argc==1)
  {
    cout << "您忘了为主函数传实参, 请在控制台运行.exe 文件, 并在其后跟实参!!!" << endl;
    id="null";
    name="null";
  }
  else if(argc==2)
  {
    cout << "您忘了为主函数传递学号和姓名这两个实参了!!!" << endl;
    id=argv[1];
    name="null";
  }
  else if(argc==3)
  {
    cout << "您为主函数传递的参数个数是正确的!!!" << endl;
    id=argv[1];
    name=argv[2];
  }else{
```

```
        cout << "您输入的参数不符合要求, 最多只能输入两个参数, 请重新输入! ! ! " << endl;
        id="null";
        name="null";
    }
    fu.getdata(id,name);
    fu.puthead();
    fu.putdata();
    return 0;
}
```

二、const 的用法

Constin 用法如表 6-8 所示。

表 6-8   const 的用法

常量	const double PI=3.14; //常量的值初始化后不能更改

常引用	void display(const double &r) //常引用, 所引用的变量或对象不能被更新
	{
	    //double a=10;
	    //r=a;写法错误
	}

常指针	void setvalue(const int *p,int n) //常指针如果修饰数据类型, 意味着它所指向空间的内容不能修改;
	                  //常指针如果修饰指针, 意味着它所指向空间的地址不能修改
	{
	    for (int i=0;i<n;i++)
	        *(p+i)=i; //错误
	}

常对象	int add(const Sample &s1,const Sample &s2) //常对象中的内容不能修改
	{
	    int sum=s1.getn()+s2.getn();
	    return sum;
	}

常数据成员	class Sample //常数据成员通过构造函数初始化后就不能更改
	{
	private:
	    const int n;
	    static const int b; //静态常数据成员定义
	public:
	    Sample(int i):n(i) { } //n=i
	};
	const int Sample::b=10; //静态常数据成员初始化, 在类的外部
	void main()
	{
	    Sample a(10); //n=10
	}

常成员函数	void print() const; //类中前向声明(函数名后加 const)
	void 类名::print() const //类外定义(函数名前加类名::,函数名后加 const)
	{
	    cout<<R1<<";"<<R2<<endl;
	}
	const R b(20, 52); //主函数中新建常对象
	    //b=a; const 对象不能被更新
	    b.print(); //常对象只能调用常成员

一、实训目的

本实训是为了完成对单元六的能力整合而制定的。根据类和对象的概念,培养独立完成编写顺序结构的能力。

二、实训内容

要求完成如下程序设计题目:

(1)用类内直接定义成员函数实现机器人类,如图 6-25 所示。

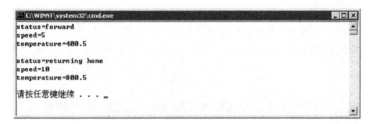

图 6-25 项目调试结果

(2)用前向声明成员函数,类外定义成员函数实现机器人类,如图 6-26 所示。

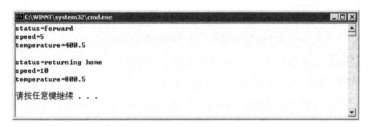

图 6-26 项目调试结果

(3)用构造函数和析构函数的基本书写格式实现机器人类,如图 6-27 所示。

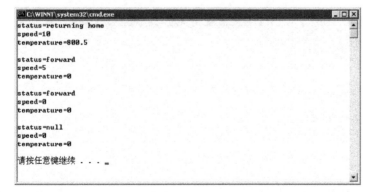

图 6-27 项目调试结果

（4）用拷贝构造函数的书写格式实现机器人类，如图6-28、图6-29所示。

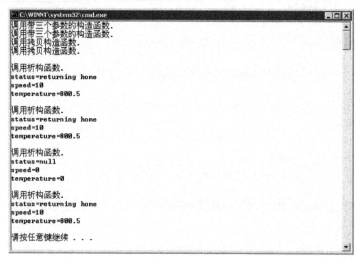

图 6-28　项目调试结果（一）

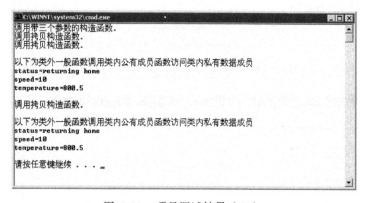

图 6-29　项目调试结果（二）

（5）用类作为函数的返回类型,用对象分别作函数的形参和实参（形参改变，实参不变）来实现机器人类，如图6-30所示。

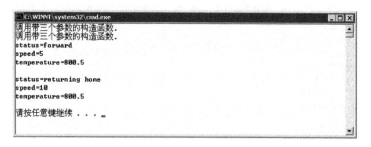

图 6-30　项目调试结果

（6）用类作为函数的返回类型,用对象引用作函数的形参，而用对象作函数的实参（形参改变，实参改变）来实现机器人类，如图6-31所示。

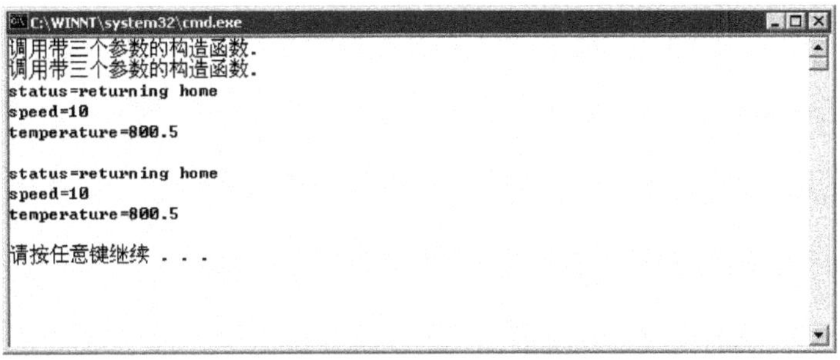

图 6-31　项目调试结果

三、实训要求

根据所学的知识，综合单元六的内容，编写程序并调试。

（1）编写出解决上述问题的程序。

（2）根据程序运行的结果分析程序的正确性。

四、程序代码

（略，要求学生独立完成）

小　结

本单元首先介绍了设计及封装类、类中方法的说明和定义方式，然后重点讲解了类中的构造函数、拷贝构造函数及析构函数，结构体与类的区别，局部类和嵌套类，静态数据成员和静态成员函数，友元函数与友元类，异常处理。

C++中面向对象的程序大部分都是由各式各样的类及对象构成的，通过对一道题目使用各种不同的类和对象的模板来编写，从而教会学生举一反三，并能拓展编程思路，建议学习时以自我上机实训为宜。

技能巩固

一、基础训练

1. 下列类的定义中正确的是（　　　）。

    A．class a{int x=0;int y=1;}　　　　　　B．class b{int x=0;int y=1;};

    C．class c{int x;int y;}　　　　　　　　D．class d{int x;int y;};

2. 下列关于类和对象的说法中，正确的是（　　　）。

    A．类与对象没有区别

    B．要为类和对象分配存储空间

    C．对象是类的实例，为对象分配存储空间而不为类分配存储空间

    D．类是对象的实例，为类分配存储空间而不为对象分配存储空间

3. 以下程序的执行结果为（　　　）。

```
void func(int),func(double);
void main()
{
```

```
    double a=88.18;
    func(a);
    char b='a';
    func(b);
}
void func(int x)
{
    cout<<x<<endl;
}
void func(double x)
{
    cout<<x<<",";
}
```

    A. 88, 97   B. 88.18, 97   C. 88, a   D. 88.17, a

4. 下列关于对象概念的描述中，（   ）是错误的。

    A. 对象就是 C 语言中的结构变量

    B. 对象代表着正在创建的系统中的一个实体

    C. 对象是状态和操作（或方法）的封装体

    D. 对象之间信息传递是通过消息进行的

5. 以下某个类的代码中，错误的行是（   ）。

```
Class Csample
{
    int a=2.5;                  // (A)
    Csample();                  //(B)
    public:
    Csample(int wal);           // ( C)
    ~Csample();                 // (D)
};
```

    A. A 行错误   B. B 行错误   C. C 行错误   D. D 行错误

6. 通常复制构造函数的参数是（   ）。

    A. 某个对象名   B. 某个对象成员名

    C. 某个对象的引用名   D. 某对象的指针名

7. 以下程序运行的结果是（   ）。

```
class CSample
{
    private:
        int i;
        static int k;
    public:
        CSample();
        void Display();
};
CSample::CSample()
{
    i=0;
    k++;
}
void CSample::Display()
{
    cout<<"i="<<i++<<",k="<<k<<endl;
```

```
    }
    int CSample::k=0;
    void main()
    {
      CSample a,b;
      a.Display();
      b.Display();
    }
```

A. i=1,k=1   B. i=0,k=2   C. i=0,k=1   D. i=1,k=2

i=2,k=2   i=0,k=2   i=1,k=2   i=1,k=2

8. 允许有选择地隐藏类中的属性和方法的过程被称为（ ）。

  A. 封装   B. 多态   C. 继承   D. 重载

9. 在 C++中，下列选项正确的是（ ）。

  A. main() {cout<<x；int x=7；return 0；}

  B. char *s ="Hello,My world!" delete s；

  C. 在类 Employee 中声明如下的函数原型：void Employee()；

  D. 在类 Time 中声明如下的函数原型：~Time()；

10. class sample{private: int data;Public: int set(); };

下列对类 sample 的操作和定义（ ）是正确的。（选两项）

  A. int set(){data = 10;return data;}

  B. int Sample∷Set(){data = 10;return data;}

  C. int Sample∷Set(){∷data=10;return∷data;}

  D. int sample∷Set(){sample∷data=10;return sample∷data;}

11. 对于以下程序（ ）是正确的。（选两项）

```
    class sample
    {
      private:
        int num;
      public:
        void display();
    };
    void main()
    {
      sample object1;
      sample object2;
      object1.display();
      object2.display();
    }
```

  A. 程序运行时，对象 object1、object2 公用 num 的存储空间

  B. 程序运行时，对象 object11、object2 的成员 num 分别存储在各自对象的存储空间

  C. 程序运行时，对象 object1、object2 执行 display()成员函数时，执行的代码分别
    存储在各自对象的存储空间

  D. 程序运行时，对象 object1、object2 执行 display()成员函数时，执行的代码公用
    同一存储空间

12. C++中，析构函数是在销毁对象时自动调用的成员函数，它具有（ ）特点。

A. 可以被对象直接调用

B. 与其所属的类同名，并在其前有 "~" 符号

C. 可以有简单数据类型的参数列表，并且可以返回任何数据类型

D. 必须在每个类中显式声明

13. 以下程序的运行结果是（　　　　）。

```cpp
class string
{
    public:
    char *str;
    string(char *s="")
    {
        int len=strlen(s);
        str=new char[len+1];
        strcpy(str,s);
    }
    ~string()
    {
        delete[] str;
    }
    void display()
    {
        cout<<str<<endl;
    }
};
void main()
{
    string s1("hello world");
    string s2;
    s2=s1;
    s1.display();
    s2.display();
}
```

A. hello hello

B. hello world hello world

C. 程序运行由于访问空指针而出现异常

D. 没有输出，但运行良好

14. 在 C++ 中，关键字 friend 可以出现（　　　　）。（选择两项）

A. main() 中

B. 类的私有或公共部分中

C. 允许其他类访问的类中

D. 期望访问其他类的类中

15. 下面关于友元的描述中，错误的是（　　　　）。

A. 友元可以访问该类的私有数据成员

B. 一类的友元类中的成员函数都是这个类的友元函数

C. 友元可以提高程序的运行效率

D. 类与类之间的友元关系可以继承

16. 对于以下程序

```cpp
class employee
{
    private:
    int a;
    protected:
```

```
        int b;
        public:
        int c:
    };
    class diredtor:public employee
    {
    };
    void main()
    {
    }
```

在 main()中，下列操作（   ）是正确的。（选两项）

    A. employee obj;obj.b=1;   B. employee obj;obj.b=10;

    C. employee obj;obj.c=3;   D. employee obj;obj.c=20;

17. 以下程序执行结果是（   ）。

```
    class Sample
    {
        int x;
        public:
        Sample()
        {
            x=0;
        }
        Sample(int a)
        {
            x=a;
        }
        void set(Sample &s)
        {
            x=s.x;
        }
        void disp()
        {
            cout<<x;
        }
    };
    void main()
    {
        Sample s(3);
        Sample a;
        a.set(s);
        a.disp();
    }
```

    A. 3   B. 1   C. 2   D. 有错误

18. 下列有关类的说法中不正确的是（   ）。

    A. 类是一种用户自定义的数据类型

    B. 只有类中的成员函数才能存取类中的私有数据

    C. 在类中，如果不特别说明，所指的数据均为私有类型

    D. 在类中，如果不特别说明，所指的成员函数均为公有类型

19. 有关类和对象的说法不正确的是（   ）。

    A. 对象是类的一个实例

B. 任何一个对象只能属于一个具体的类

C. 一个类只能有一个对象

D. 类与对象的关系和数据类型和变量的关系相似

20. 已知类 Sample 中的一个成员函数说明如下：

```
Void set(Sample &a);
```

其中 Sample &a 的含义是（　　　）。

A. 类 Sample 的指针为 a

B. 将 a 的地址值赋给变量 set

C. a 是类 Sample 的对象引用，用来做函数 set() 的形参

D. 变量 Sample 与 a 按位相与作为函数 set() 的形参

21. 关于类和结构体的描述中，错误的是（　　　）。

A. 类中的成员表示与 C 语言中结构变量成员变量相同

B. 使用 class 和 struct 都可以定义类

C. C++语言中，使用 struct 定义的类中既可使用数据成员，也可使用成员函数

D. 使用 struct 和 class 定义的类是没有区别的

22. 下列有关构造函数的说法中不正确的是（　　　）。

A. 构造函数名字和类的名字一样　　　B. 构造函数在说明类对象时自动执行

C. 构造函数无任何函数类型　　　D. 构造函数有且只有一个

23. 下列有关析构函数的说法中不正确的是（　　　）。

A. 析构函数有且只有一个

B. 析构函数无任何函数类型

C. 析构函数和构造函数一样可以有形参

D. 析构函数的作用就是在对象被撤销时收回先前分配的内存空间

24. 以下程序的执行结果为（　　　）。

```
class Sample
{
    int x;
    public:
    Sample()
    {
        cout<<(x=0);
    }
    Sample(int a)
    {
        cout<<(x=a);
    }
    ~Sample()
    {
        cout<<x;
    }
    void disp()
    {
        cout<<x;
    }
};
```

```
void main()
{
    Sample(2);
    Sample(4);
}
```

    A. 2244   B. 2442   C. 2424   D. 顺序不确定

25. 以下程序执行的结果是（　　　　）。

```
class Sample
{
    int x;
    public:
    Sample()
    {
        x=0;
    }
    Sample(int a)
    {
        cout<<(x=a);
    }
    ~Sample()
    {
        cout<<++x;
    }
    void disp()
    {
        cout<<x;
    }
};
void main()
{
    Sample s1(2);
    s1.disp();
    s1.~Sample();
}
```

    A. 222   B. 2234   C. 223   D. 程序有错误

26. 以下程序执行的结果是（　　　　）。

```
class Sample
{
    public:
    Sample(int i)
    {
        cout<<(x=i);
    }
    Sample()
    {
        cout<<(x=0);
    }
    void disp()
    {
        cout<<x;
    }
    private:
    int x;
```

```
};
void main()
{
  Sample s(3);
  int i=0;
  if(i=0)
  {
    Sample s;
    s.disp();
  }
}
```

    A. 3   B. 30   C. 3x=0   D. 300

27. 以下程序的输出结果是（　　　）。

```
class Sample
{
  public:
  Sample(int i)
  {
    x=i;
  }
  Sample()
  {
    x=0;
  }
  void disp()
  {
    cout<<x;
  }
  private:
  int x;
};
void main()
{
  Sample s1(3),s2;
  s2=s1;
  s1.disp();
}
```

    A. 0   B. 3   C. 1   D. 随机数

28. 有关构造函数特点的描述中，错误的是（　　　）。

    A. 定义构造函数必须指定类型   B. 构造函数的名字与该类的类名相同

    C. 一个类中可定义 0 至多个构造函数   D. 构造函数是一种成员函数

29. 对于一个 C++的类，（　　　）。

    A. 只能有一个构造函数和一个析构函数 B. 可有一个构造函数和多个析构函数

    C. 可有多个构造函数和一个析构函数 D. 可有多个构造函数和多个析构函数

30. 若有以下类定义，x 的值是（　　　）。

```
class S
{
  int x;
  S(int a=0)
  {
    x=++a;
```

```
    }
    ~S()
    {};
};
void main()
{
    S a(10);
}
```

A. 0   B. 10

C. 11   D. 有语法错误，得不到值

31. 以下不是构造函数的特征的是（   ）。

    A. 构造函数的函数名与类名相同   B. 构造函数可以重载

    C. 构造函数可以设置默认的参数   D. 构造函数必须指定类型说明

32. 以下是析构函数的特征（   ）。

    A. 一个类中只能定义一个析构函数   B. 析构函数名与类名相同

    C. 析构函数的定义只能在类体内   D. 析构函数可以有一个或多个参数

33. 下面描述正确的是（   ）。

    A. "类"是一种抽象的概念，现实中没有和"类"相互对应的事物

    B. "对象"是一种抽象的概念，现实中没有和"对象"相互对应的事物

    C. 一个对象是一个类的一个实例

    D. 一个类是一个对象的一个实例

34. 面向对象的基本特征是（   ）。

    A. 封装   B. 继承   C. 多态性   D. 消息

35. 关于对象的下列描述中，错误的是（   ）。

    A. 对象是一种类型   B. 对象是类的一个实例

    C. 对象是客观世界中的一种实体   D. 对象之间是通过消息进行通信的

36. 下列程序的输出结果是（   ）。

```
class E
{
    int x;
    static int y;
    public:
    E(int a)
    {
        x=a;
        y+=x;
    }
    void show()
    {
        cout<<x<<','<<y<<'\n';
    }
};
int E::y=100;
void main()
{
    E e1(10),e2(50);
    e1.show();
}
```

A. 50，160   B. 10，160   C. 50，110   D. 10，110

37. 以下程序的输出结果是（   　　）。

```cpp
class A
{
    int x;
    public:
    static void setx(int a)
    {
        x+=a;
    }
    A(int a)
    {
        x=a;
    }
    void disp()
    {
        cout<<x;
    }
};
void main()
{
    A a(10);
    A::setx(100);
    a.disp();
}
```

A. 100   B. 110

C. 10   D. 程序有错误，不能编译

38. 以下程序的执行结果是（   　　）。

```cpp
class Sample
{
    int n;
    public:
    Sample(int i)
    {
        n=i;
    }
    friend int add(Sample &s1,Sample &s2);
};
int add(Sample &s1,Sample &s2)
{
    return s1.n+s2.n;
}
void main()
{
    Sample s1(10),s2(20);
    cout<<add(s1,s2)<<endl;
}
```

A. 10   B. 20

C. 30   D. 程序有错误，不能编译

39. 以下程序的输出结果是（   　　）。

```cpp
class E
{
    static int x;
    public:
    E(int i)
    {
        x+=i;
    }
```

```
      friend void setx(int a)
      {
         E::x+=a;
      }
      void disp()
      {
         cout<<x;
      }
   };
   int E::x=0;
   void main()
   {
      E e1(10),e2(100);
      setx(30);
      e2.disp();
   }
```

A. 140   B. 程序有错误，不能编译

C. 110   D. 30

40. 下列各类函数中，（   ）不是类的成员函数。

    A. 构造函数   B. 析构函数   C. 友元函数   D.拷贝初始化构造函数

41. 下面关于静态成员的特征中，（   ）是错误的。

    A. 说明静态数据成员时前面要加修饰符 static

    B. 静态数据成员要在类体外重新定义并进行初始化

    C. 引用静态数据成员时，要在静态数据成员前加<类名>和作用域运算符

    D. 静态数据成员不是所有对象共有的

42. 一个类的友元函数能够访问该类的（   ）。

    A. 私有成员   B. 保护成员   C. 公有成员   D. 所有成员

43. 数据封装就是将一组数据和与这组数据有关操作组装在一起，形成一个实体，这个实体是（   ）。

    A. 类   B. 对象   C. 函数体   D. 数据块

44. 类的实例化是指（   ）。

    A. 定义类   B. 创建类的对象   C. 指明具体类   D. 调用类的成员

45. 对于任意一个类，析构函数的个数最多为（   ）。

    A. 0   B. 1   C. 2   D. 3

46. 类的构造函数被自动调用执行的情况是在定义该类的（   ）。

    A. 成员函数时   B. 数据成员时   C. 对象时   D. 友元函数时

47. 有关构造函数的说法不正确的是（   ）。

    A. 构造函数名字和类的名字一样   B. 构造函数在定义类变量时自动执行

    C. 构造函数无任何函数类型   D. 构造函数有且只有一个

48. 关于成员函数特征的下列描述中，（   ）是错误的。

    A. 成员函数一定是内联函数   B. 成员函数可以重载

    C. 成员函数可以设置参数的默认值   D. 成员函数可以是静态的

49. 不属于成员函数的是（   ）。

    A. 静态成员函数   B. 友元函数   C. 构造函数   D. 析构函数

50. 有如下类定义：

```
class Foo
{
    int bar;
};
```

则 Foo 类的成员 bar 是（　　　）。

A. 公有数据成员 B. 公有成员函数   C. 私有数据成员   D. 私有成员函数

二、项目实战

1. 项目描述

本项目是为了完成对单元六中的架构程序的能力整合而制定的。根据面向对象的编程思路，培养独立完成编写面向对象程序的初步能力。

内容：完成如下程序设计题目。

（1）用类和对象实现商品收银程序。

定义一个商品类及其相关函数：

- 数据成员：包括商品名、商品编号（按商品新建的顺序）、商品类型、商品总量、商品单价。其中要求商品总量为静态成员，命名可参考以下代码：

```
char *spName,*spType;
long spID;
static long spCount;
double spPrice;
```

- 成员函数：

构造函数 shangpin()和 shangpin(char *pname, char *ptype, double price)。

析构函数~shangpin()。

显示商品信息 show()。

- 友元函数：

商品录入 void input(shangpin *arr[],int maxN)。

收银计算 double buy(shangpin *arr[])。

（2）界面显示如图 6-32 所示。

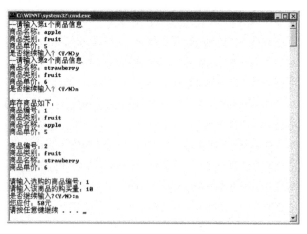

图 6-32　项目调试结果

2. 项目要求

根据所学的知识，综合单元六的内容，编写程序并调试。

（1）编写出解决上述问题的程序。

（2）根据程序运行的结果分析程序的正确性。

3. 项目评价

项目实训评价表

一	内　　　容		评　　价		
一	学 习 目 标	评 价 项 目	3	2	1
职业能力	了解类的设计与定义及类中的常用函数	能知道设计及封装类并明确类中方法的说明和定义方式			
		能知道类中的构造函数，拷贝构造函数及析构函数			
	能掌握局部类和嵌套类、静态数据成员和静态成员函数、友元函数与友元类与异常处理	能掌握局部类和嵌套类及异常处理			
		能灵活使用静态数据成员和静态成员函数，友元函数与友元类来编写程序			
通用能力	阅读能力				
	设计能力				
	调试能力				
	沟通能力				
	相互合作能力				
	解决问题能力				
	自主学习能力				
	创新能力				
综合评价					

评价等级说明表

等　　级	说　　明
3	能高质、高效地完成此学习目标的全部内容，并能解决遇到的特殊问题
2	能高质、高效地完成此学习目标的全部内容
1	能圆满完成此学习目标的全部内容，不需要任何帮助和指导

单元七

➡ 类的继承性与多态性

软件公司新招聘的程序员，以前是用 VB 6.0 来开发软件，对 C++的基本语法还比较陌生，尤其对 C++中的封装、继承、多态非常陌生。经过在上一单元小刘对 C++中类的封装的培训，这些程序员对使用类和对象来构造程序已非常熟练，但现在客户希望软件公司帮助他们将原有的程序升级，使原有程序的功能扩展，使用 C++中的继承与多态可以帮助他们实现。因此，软件公司安排软件开发部的小刘继续对这些程序员进行培训，要求他们掌握 C++中类的继承性与多态性。小刘表示一定认真完成领导布置的任务。

学习目标：

- 了解基类和派生类的关系。
- 掌握使用派生类的 3 种继承方式来架构程序。
- 掌握使用单继承的构造函数与析构函数来架构程序。
- 了解多继承的构造函数与析构函数。
- 了解虚基类的构造函数。
- 掌握多态性在函数重载和在运算符重载的体现。
- 掌握使用动态联编与虚函数来架构程序。
- 掌握使用纯虚函数和抽象类来架构程序。
- 了解虚析构函数。

类的继承性与
多态性

项目一　类的继承与单继承中成员函数的用法

项目描述

软件公司新招聘的程序员对用 C++中的类和对象架构程序已非常熟悉，但对 C++中的继承，尤其是单继承中如何使用成员函数不是很清楚。这些程序员要求学习用 C++的单继承来编写程序。软件公司要求开发部的小刘负责此项工作。

项目分析

小刘接到项目后，设计了一个单继承的模板，从绘制类图开始，逐步分解程序，最后通过主函数实现调用来训练程序员如何书写单继承程序，考虑到是熟悉单继承的架构，所以选择了比较简单的算法（输入/输出人、教师、学生的相关信息）。

项目实施

1. 绘制类图（见图 7-1）

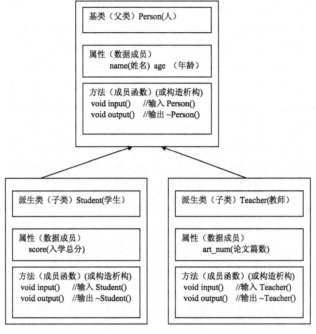

图 7-1　单继承类图

2. 单继承语法要点

（1）class 基类名{};、class 派生类:public 基类名{};。

（2）protected(用在基类的属性前)、private(用在派生类的属性前)。

（3）基类或派生类中的成员函数均是公共的。

（4）基类名(){//基类构造函数}、派生类名():基类名(){//派生类构造函数}。

（5）基类名::基类的成员函数(); (调用基类的成员函数)。

3. 单继承成员函数的用法

（1）告知程序员该项目调试的结果，如图 7-2 所示。

图 7-2　项目调试结果

（2）要求程序员按照以下的程序架构及注释来编辑源代码。

● 头文件：

```
//chap07_lx01_单继承_人_学生教师.cpp : 定义控制台应用程序的入口点
#include "stdafx.h"
#include "iostream"
#include "string"
using namespace std;
```

● 基类 Person：

```
class Person
{ private:
     int number;
   protected:
     string name;
     int age;
   public:
     void input(string s)
     { cout<<"\n请输入"<<s<<"的姓名:";
       cin>>name;
       cout<<"请输入"<<s<<"的年龄:";
       cin>>age;
     }
     void output(string s)
     { cout<<"\n"<<s<<"的姓名是:"<<name<<endl;
       cout<<s<<"的年龄是:"<<age<<endl<<endl;
     }
};
```

● 派生类 Student：

```
class Student:public Person
{ private:
     double score;
   public:
     void input(string s)
     { Person::input(s);
       cout<<"\n请输入"<<s<<"的入学总分:";
       cin>>score;
     }
     void output(string s)
     { Person::output(s);
       cout<<s<<"的入学总分是:"<<score<<endl<<endl;
     }
};
```

● 派生类 Teacher：

```
class Teacher:public Person
{ private:
     int art_num;
   public:
     void input(string s)
```

```
    { Person::input(s);
      cout<<"\n 请输入"<<s<<"的论文篇数:";
      cin>>art_num;
    }
    void output(string s)
    { Person::output(s);
      cout<<s<<"的论文篇数是:"<<art_num<<endl<<endl;
    }
};
```

● 主函数:

```
void main()
{ Person pobj;
  pobj.input("人");
  pobj.output("人");
  Student sobj;
  sobj.input("学生");
  sobj.output("学生");
  Teacher tobj;
  tobj.input("教师");
  tobj.output("教师");
}
```

项目二　单继承中构造函数与析构函数的用法

项目描述

软件公司新招聘的程序员对用 C++中的类和对象架构程序非常熟悉，但对 C++中的继承，尤其是单继承中如何使用构造函数与析构函数不是很清楚。这些程序员要求学会如何在 C++ 单继承中使用构造函数与析构函数来编写程序。软件公司要求开发部小刘负责此工作。

项目分析

小刘接到项目后，设计了一个单继承的构造函数与析构函数模板，先提示程序员熟悉这两个函数在单继承中的执行顺序。再训练程序员如何去书写单继承中的构造函数与析构函数，考虑是熟悉基本语法，所以选择比较简单的算法（输入/输出人、教师、学生的相关信息）。

项目实施

单继承中构造函数与析构函数的用法

（1）构造函数的执行顺序是：先基类后派生类。

（2）析构函数的执行顺序是：先派生类后基类。

（3）告知程序员该项目调试的结果，如图 7-3 所示。

图 7-3　项目调试结果

（4）要求程序员按照以下的程序架构及注释来编辑源代码。

```cpp
//chap07_lx02_单继承_构造析构_人学生教师.cpp ：定义控制台应用程序的入口点
#include "stdafx.h"
#include "iostream"
#include "string"
using namespace std;
class Person
{ protected:
    string name;
    int age;
  public:
    Person(string n="null",int a=0)
    { cout<<"基类 Person 构造函数:"<<endl;
      name=n;
      age=a;
    }
    ~Person()
    { cout<<"姓名是:"<<name<<endl;
      cout<<"年龄是:"<<age<<endl<<endl;
    }
};
class Student:public Person
{ private:
    double score;
  public:
    Student(string n,int a,double s):Person(n,a)//先执行基类的构造函数,
                                        //再执行派生类的构造函数
    { cout << "派生类 Student 构造函数:" <<endl;
      score=s;
    }
    ~Student()      //先执行派生类的析构函数,再执行基类的析构函数
    { cout<<"\n入学总分是:" <<score<<endl<<endl;
    }
};
class Teacher:public Person
{ private:
    int art_num;
  public:
    Teacher(string n,int a,int m):Person(n,a)//先执行基类的构造函数,再执行
                                     //派生类的构造函数
    { cout<<"派生类 Teacher 构造函数:"<<endl;
      art_num=m;
    }
    ~Teacher()       //先执行派生类的析构函数,再执行基类的析构函数
    { cout<< "\n论文篇数是:"<<art_num<<endl<<endl;
    }
};
void main()
{ Person pobj("人",100);
  Student sobj("李连杰",50,485.5);
```

```
    Teacher tobj("叶问",88,18);
}
```

在多继承中使用成员函数

项目描述

  经过软件公司小刘的培训，新招聘的程序员对 C++中的单继承已非常熟悉，但对 C++中的多继承，尤其多继承中如何使用成员函数不是很清楚。这些程序员要求学习在 C++的多继承中使用成员函数。软件公司要求开发部的小刘继续负责此项工作。

项目分析

  小刘接到项目后，设计了一个多继承的模板，从绘制类图开始，逐步分解程序，最后通过主函数实现调用来训练程序员如何书写多继承程序，考虑到是熟悉多继承的架构，所以选择了比较简单的算法（输入/输出人、教师、学生的相关信息）。

项目实施

1. 绘制类图（见图 7-4）

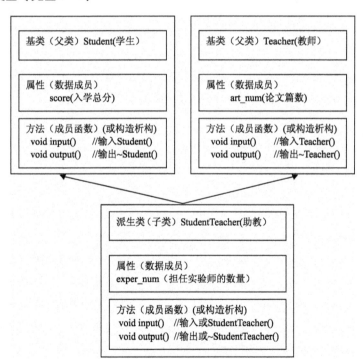

图 7-4　多继承类图

2. 多继承语法要点

（1）class　基类名{};、class　派生类:public　基类名 1,public　基类名 2{};。

（2）protected(用在基类的属性前)、private(用在派生类的属性前)。

（3）基类或派生类中的成员函数均是公共的。

（4）基类名{}{//基类构造函数}、派生类名():基类名 1(),基类名 2(){//派生类构造函数}

（5）基类名::基类的成员函数(); (调用基类的成员函数)。

3. 多继承成员函数的用法

（1）头文件：

```
//chap07_lx03_多继承_成员函数.cpp：定义控制台应用程序的入口点
#include "stdafx.h"
#include "iostream"
#include "string"
using namespace std;
```

（2）第一个基类 Student：

```
class Student
{
  protected:
    double score;
  public:
    void input()
    {
      cout<<"\n 请输入入学总分:";
      cin>>score;
    }
    void output()
    {
      cout<<"入学总分是:"<<score<<endl<<endl;
    }
};
```

（3）第二个基类 Teacher：

```
class Teacher
{
  protected:
    int art_num;
  public:
    void input()
    {
      cout<<"请输入论文篇数:";
      cin>>art_num;
    }
    void output()
    {
      cout<<"论文篇数是:"<<art_num<<endl<<endl;
    }
};
```

（4）派生类 StudentTeacher：

```
class StudentTeacher:public Student,public Teacher
{
  private:
```

```
      int exper_num;

   public:
      void input()
      {
         Student::input();      //调用第一个基类的输入函数
         Teacher::input();      //调用第二个基类的输入函数
         cout<<"请输入担任实验师的数量:";
         cin>>exper_num;
      }
      void output()
      {
         Student::output();     //调用第一个基类的输出函数
         Teacher::output();     //调用第二个基类的输出函数
         cout<<"担任实验师的数量是:"<<exper_num<<endl<<endl;
      }
};
```

（5）主函数：

```
void main()
{
   cout<<"\n 以下为第一个基类 Student 的相关信息:"<<endl;
   Student sobj;
   sobj.input();
   sobj.output();
   cout<<"\n 以下为第二个基类 Teacher 的相关信息:"<<endl;
   Teacher tobj;
   tobj.input();
   tobj.output();
   cout<<"\n 以下为派生类 StudentTeacher 的相关信息:"<<endl;
   StudentTeacher stobj;
   stobj.input();
   stobj.output();
}
```

项目四　多继承中构造函数与析构函数的用法

项目描述

　　软件公司新招聘的程序员对用 C++中的类和对象架构程序非常熟悉，但对 C++中的继承，尤其是多继承中如何使用构造函数与析构函数不是很清楚。这些程序员要求学习如何在 C++的多继承中使用构造函数与析构函数来编写程序。软件公司要求开发部的小刘负责此项工作。

项目分析

　　小刘接到项目后，设计了一个多继承的构造函数与析构函数模板，先提示程序员熟悉这两个函数在多继承中的执行顺序，再训练程序员如何去书写多继承中的构造函数与析构函数，考虑到是熟悉基本语法，所以选择了比较简单的算法（输入/输出教师、学生、助教的相

关信息)。

 项目实施

1. 多继承中构造函数与析构函数的用法

（1）构造函数的执行顺序是：先基类 1，再基类 2，最后派生类。

（2）析构函数的执行顺序是：先派生类，再基类 2，最后基类 1。

2. 要求程序员按照以下的程序架构及注释来编辑源代码

```cpp
// chap07_1x04_多继承_构造析构函数.cpp : 定义控制台应用程序的入口点
#include "stdafx.h"
#include "iostream"
#include "string"
using namespace std;
class Student
{   protected:
        double score;
    public:
        Student(double s)
        {
            cout<<"基类 Student 的构造函数:"<<endl;
            score=s;
        }
        ~Student()
        {
            cout<<"入学总分是:"<<score<<endl<<endl;
        }
};
class Teacher
{   protected:
        int art_num;
    public:
        Teacher(int a)
        {
            cout<<"基类 Teacher 的构造函数:"<<endl;
            art_num=a;
        }
        ~Teacher()
        {
            cout<<"论文篇数是:"<<art_num<<endl<<endl;
        }
};
class StudentTeacher:public Student,public Teacher
{
    private:
        int exper_num;
    public:
        StudentTeacher(double s,int a,int e):Student(s),Teacher(a)
        {
            cout<<"派生类 StudentTeacher 的构造函数:"<<endl;
```

```
            exper_num=e;
        }
        ~StudentTeacher()
        {
            cout<<"担任实验师的数量是:"<<exper_num<<endl<<endl;
        }
};
void main()
{
    //Student sobj(680.5);
    //Teacher tobj(12);
    StudentTeacher stobj(548.5,6,3);
}
```

相关知识与技能

一、本单元所介绍的基本内容

（1）现实世界中存在大量继承关系，构造派生类对象时：

- 构造函数的调用次序及基类构造函数的参数的传递是很重要的。
- 二义性问题和冗余可以使用虚基类来解决。
- 从基类继承的成员的访问控制属性受两方面因素影响：一是成员在基类中原来声明的访问控制属性；二是继承方式。
- 如果希望基类的成员被继承过来以后与派生类的成员一样，就用公有继承。
- 如果只希望派生类的成员及其子类能方便地访问从基类继承的成员，不希望类外的函数访问这些成员，可用保护继承。
- 如果希望基类的成员被继承以后都变成私有的，就用私有继承。
- 无论用哪种继承方式，基类的私有成员被继承以后都不能被直接访问。

（2）基类、子对象及派生类的构造函数和析构函数的执行顺序也要考虑。在多继承的情况下，如果存在公共基类，就会出现成员标识二义性的问题，这时将公共基类作为虚基类继承是一个比较好的解决方案。

（3）运算符重载是一种静态多态机制，它与函数重载的道理是一样的。实际上，"将操作表示为函数调用或者将操作表示为运算符之间没有什么根本差别，只能将已有的运算符重载使之作用于新的类，不能增加新的运算符，也不能将重载的运算符作用于基本数据类型，C++的语法对此有严格限制。

（4）虚基类解决的是类成员标识二义性和信息冗余问题，而虚函数是实现动态多态性的基础。派生类对象可以初始化基类对象的引用，其地址可以赋值给基类的指针，这意味着一个派生类的对象可以当作基类的对象来用。但是，如果想要通过基类的指针和引用访问派生类对象的成员，就要使用虚函数，这就是多态。很多情况下，基类中的虚函数是为了设计的目的而声明的，没有实现代码，这就是纯虚函数，其所在的类称为抽象类。抽象类是为后继所有派生类设计的同一抽象接口。

（5）已存在的用来派生新类的类称为基类，又称父类。由已存在的类派生出的新类称为派生类，又称子类。派生类可以具有基类的特性，共享基类的成员函数，使用基类的数据成员，还可以定义自己的新特性，定义自己的数据成员和成员函数。

二、常用的三种继承方式

（1）公有继承（public）：其特点是基类的公有成员和保护成员作为派生类的成员时，它们都保持原有的状态，而基类的私有成员仍然是私有的。

（2）私有继承（private）：其特点是基类的公有成员和保护成员作为派生类的私有成员，并且不能被这个派生类的子类访问。

（3）保护继承（protected）：其特点是基类的所有公有成员和保护成员都成为派生类的保护成员，并且只能被它的派生类成员函数或友元访问，基类的私有成员仍然是私有的。

（4）类通过派生定义，形成类的等级，派生类中用"类名 :: 成员"访问基类成员。在建立一个类等级后，通常创建某个派生类的对象来使用这个类等级，包括隐含使用基类的数据和函数。

（5）私有继承和保护继承的区别：

- 私有继承：派生类对基类的私有继承使用关键字 private 描述（可缺省），基类的所有公有段和保护段成员都称为派生类的私有成员。
- 保护继承：派生类对基类的保护继承使用关键字 protected 描述，基类的所有公有段和保护段成员都称为派生类的保护成员，保护继承在程序中很少应用。

（6）派生类构造函数的调用顺序如下：

- 调用基类的构造函数，调用顺序按照它们继承时说明的顺序。
- 调用子对象类的构造函数，调用顺序按照它们在类中说明的顺序。
- 派生类构造函数体中的内容。

三、多继承

（1）可以为一个派生类指定多个基类，这样的继承结构称为多继承。多继承可以看作单继承的扩展。所谓多继承是指派生类具有多个基类，派生类与每个基类之间的关系仍可看作一个继承。

（2）如果一个派生类从多个基类派生，而这些基类又有一个共同的基类，则在对该基类中声明的名字进行访问时，可能产生二义性。

（3）为了初始化基类的子对象，派生类的构造函数要调用基类的构造函数。对于虚基类来讲，派生类的对象中只有一个虚基类子对象。C++规定，在一个成员初始化列表中出现对虚基类和非虚基类构造函数的调用，则虚基类的构造函数先于非虚基类的构造函数执行。从虚基类直接或间接继承的派生类中的构造函数的成员初始化列表中都要列出这个虚基类构造函数的调用。

（4）普通成员函数重载也是多态的表现之一，它分为以下表示形式：

- 在一个类说明中重载。
- 基类的成员函数在派生类中重载。
- 它有 3 种编译区分方法：根据参数的特征加以区分；使用"::"加以区分；根据类对象加以区分。

四、运算符重载

（1）运算符重载是对已有的运算符赋予多重含义，同一个运算符作用于不同类型的数据导致不同类型的行为。运算符重载的实质就是函数重载。在实现过程中，首先把指定的运算表达式转化为对运算符函数的调用，运算对象转化为运算符函数的实参，然后根据实参的类型来确定需要调用的函数，这个过程是在编译过程中完成的。

（2）运算符重载的规则如下：

- C++中的运算符除了少数几个以外，全部可以重载，且只能重载已有的这些运算符。
- 重载之后运算符的优先级和结合性都不会改变。
- 运算符重载是针对新类型数据的实际需要，对原有运算符进行适当的改造。

（3）运算符的重载形式有两种：

- 重载为类的成员函数。
- 重载为类的友元函数。

五、多态与虚函数

（1）静态联编是指联编工作出现在编译连接阶段，这种联编又称早期联编，因为这种联编过程是在程序开始运行之前完成的。在编译时所进行的这种联编又称静态绑定。在编译时就解决了程序中的操作调用与执行该操作代码间的关系，确定这种关系又称绑定，在编译时绑定又称静态束定。

（2）从对静态联编的上述分析中可知，编译程序在编译阶段并不能确切知道将要调用的函数，只有在程序执行时才能确定将要调用的函数，为此要确切知道该调用的函数，要求联编工作要在程序运行时进行，这种在程序运行时进行的联编工作称为动态联编，或称动态绑定，又称晚期联编。动态联编实际上是进行动态识别。

（3）虚函数是在基类中冠以关键字 virtual 的成员函数。它是动态联编的基础。虚函数是成员函数，而且是非 static 的成员函数。它提供了一种接口界面，并且可以在一个或多个派生类中被重定义。说明虚函数的方法如下：

```
virtual <类型说明符><函数名>（<参数表>）
```

其中，被关键字 virtual 说明的函数称为虚函数。

（4）在许多情况下，在基类中不能给出有意义的虚函数定义，这时可以把它说明成纯虚函数，把它的定义留给派生类来做。定义纯虚函数的一般形式如下：

```
class 类名{
    virtual 返回值类型 函数名（参数表）= 0;
};
```

（5）纯虚函数是一个在基类中说明的虚函数，它在基类中没有定义，要求任何派生类都定义自己的版本。纯虚函数为各派生类提供一个公共界面。

（6）如果一个类中至少有一个纯虚函数，那么这个类被称为抽象类。抽象类中不仅包括纯虚函数，也可包括虚函数。抽象类中的纯虚函数可能是在抽象类中定义的，也可能是从它的抽象基类中继承下来且重定义的。抽象类有一个重要特点，即抽象类必须用作派生其他类的基类，而不能用于直接创建对象实例。一个抽象类不可以用来创建对象，只能用来为派生类提供一个接口规范，派生类中必须重载基类中的纯虚函数，否则它仍将被看作一个抽象类。

（7）在析构函数前面加上关键字 virtual 进行说明，称该析构函数为虚析构函数。

六、继承中的作用域

1. 要求程序员按照以下的程序架构及注释来编辑源代码

```cpp
// chap07_lx05_继承中的作用域_公有继承.cpp ：定义控制台应用程序的入口点
#include "stdafx.h"
#include "iostream"
#include "string"
using namespace std;
/*
class Person
{ private:
    string name;
  protected:
    int age;
  public:
    string sex;
    void inputName(string n)
    { name=n;
    }
    void inputAge(int a)
    { age=a;
    }
    void inputSex(string s)
    { sex=s;
    }
};
class Student:protected Person
{
  private:
  protected:
  public:
};
void main()
{ //Person pobj;
  //pobj.name="张三";        //error
  //pobj.age=23;            //error
  //pobj.sex="男";          //correct
  pobj.inputName("张三");
  pobj.inputAge(23);
  pobj.inputSex("男");
  Student sobj;
  //sobj.name="张三";        //error
  //sobj.age=23;            //error
  //sobj.sex="男";          //correct
  sobj.inputName("张三");
  sobj.inputAge(23);
  sobj.inputSex("男");
```

```
}
*/
void main()
{
}
```

2. 注意事项

（1）私有数据成员与保护数据成员在主函数中不能直接初始化。

（2）公有数据成员在主函数中可以直接初始化。

拓展与提高

一、多态与虚函数

1. 告知程序员该项目调试的结果（见图 7-5）

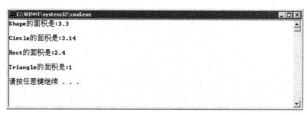

图 7-5　项目调试结果

2. 要求程序员按照以下的程序架构及注释来编辑源代码

```cpp
// chap07_lx06_多态与虚函数_Shape面积.cpp ：定义控制台应用程序的入口点
#include "stdafx.h"
#include "iostream"
using namespace std;
#include "string"
class Shape
{
    protected:
        double s;          //存放面积
        double w;          //存放第一个数据
        double h;          //存放第二个数据
    public:
        Shape(double w,double h)
        {
            this->w=w;
            this->h=h;
        }
        virtual void calcArea()
        {
            s=w+h;             //基类的算法
        }
        void output(string str)
        {
            cout<<str<< "的面积是:"<<s<<endl<<endl;
        }
```

```cpp
};
class Circle:public Shape
{
  private:
  public:
    Circle(double w,double h):Shape(w,h)
    {
    }
    void calcArea()
    {
      s=3.14*w*h;
    }
    void output(string str)
    {
      Shape::output(str);
    }
};
class Rect:public Shape
{
  private:
  public:
    Rect(double w,double h):Shape(w,h)
    {
    }
    void calcArea()
    {
      s=w*h;
    }
    void output(string str)
    {
      Shape::output(str);
    }
};
class Triangle:public Shape
{
  private:
  public:
    Triangle(double w,double h):Shape(w,h)
    {
    }
    void calcArea()
    {
      s=(w*h)/2;
    }
    void output(string str)
    {
      Shape::output(str);
    }
};
void main()
```

```
{
    Shape *sp;
    Shape sobj(1.1,2.2);
    sp=&sobj;
    sp->calcArea();
    sobj.output("Shape");
    Circle cobj(1.0,1.0);
    sp=&cobj;
    sp->calcArea();
    cobj.output("Circle");
    Rect robj(1.5,1.6);
    sp=&robj;
    sp->calcArea();
    robj.output("Rect");
    Triangle tobj(1.0,2.0);
    sp=&tobj;
    sp->calcArea();
    tobj.output("Triangle");
}
```

二、多态性与纯虚函数

1. 告知程序员该项目调试的结果（见图 7-6）

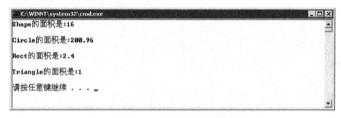

图 7-6　项目调试结果

2. 要求程序员按照以下的程序架构及注释来编辑源代码

```cpp
// chap07_lx07_多态与纯虚函数_Shape面积.cpp ：定义控制台应用程序的入口点
#include "stdafx.h"
#include "iostream"
using namespace std;
#include "string"
class Shape        //包含纯虚函数的类为抽象类(抽象类不能实例化)
{ protected:

    double s;    //存放面积
    double w;    //存放第一个数据
    double h;    //存放第二个数据
  public:
    Shape(double w,double h)
    {
        this->w=w;
        this->h=h;
    }
```

```
        void input(double w,double h)
        {
            this->w=w;
            this->h=h;
        }
        virtual void calcArea()=0;        //纯虚函数不能写算法(只提供名称,不提供功能)
        void calc()
        {
            s=w+h;
        }
        void output(string str)
        {
            cout<<str<<"的面积是:"<<s<<endl<<endl;
        }
};
class Circle:public Shape
{
    private:
    public:
        Circle(double w,double h):Shape(w,h)
        {
        }
        void calcArea()
        {
            s=3.14*w*h;
        }
        void output(string str)
        {
            Shape::output(str);
        }
};
class Rect:public Shape
{
    private:
    public:
        Rect(double w,double h):Shape(w,h)
        {
        }
        void calcArea()
        {
            s=w*h;
        }
        void output(string str)
        {
            Shape::output(str);
        }
};
class Triangle:public Shape
{
    private:
```

```
    public:
        Triangle(double w,double h):Shape(w,h)
        {
        }
        void calcArea()
        {
            s=(w*h)/2;
        }
        void output(string str)
        {
            Shape::output(str);
        }
};
void main()
{
    Shape *sp;
    //Shape sobj(1.1,2.2);//抽象类不能实例化,可以通过派生类对象来调用基类的非虚方法
    //sp=&sobj;
    //sp->calcArea();
    //sobj.output("Shape");
    Circle cobj(1.0,1.0);
    cobj.input(8.0,8.0);
    cobj.calc();
    cobj.output("Shape");
    sp=&cobj;
    sp->calcArea();
    cobj.output("Circle");
    Rect robj(1.5,1.6);
    sp=&robj;
    sp->calcArea();
    robj.output("Rect");
    Triangle tobj(1.0,2.0);
    sp=&tobj;
    sp->calcArea();
    tobj.output("Triangle");
}
```

三、运算符重载

（1）++n：调用 operator++()，前增量。

（2）n++：调用 operator++(int)，后增量。

（3）friend 类名& operator++(类名&);：前增量。

（4）friend 类名 operator++(类名&,int);：后增量。

（5）重载格式：operator 数据类型(){   //算法   }。

（6）利用操作符重载实现数据类型转换或其他算法。

（7）调用方法有两种：

```
数据类型 变量名=数据类型(对象);        //显示调用
数据类型 变量名=对象名;                //隐式调用
```

四、虚基类

1. 错误的写法

```
/*虚基类的引入和说明*/
#include <iostream.h>
class x
{
  protected:
    int a;
  public:
    x(){a=10;}
};
class x1:public x
{
  public:
    x1(){cout<<a<<endl;}
};
class x2:public x
{
  public:
    x2(){cout<<a<<endl;}
};
class y:x1,x2
{
  public:
    y(){cout<<a<<endl;} //二义性，是x1::a还是x2::a
};
void main()
{
  y obj;
}
```

2. 正确的写法

```
/*  虚基类的引入和说明_正确  */
#include <iostream.h>
class x
{
  protected:
    int a;
  public:
    x(){a=10;}
};
class x1:virtual public x
{
  public:
    x1(){cout<<a<<endl;}
};
class x2:virtual public x
{
  public:
    x2(){cout<<a<<endl;}
};
```

```
class y:x1,x2
{
  public:
     y(){cout<<a<<endl;}
};
void main()
{
   y obj;
}
```

五、虚析构函数

```
#include <iostream.h>
class A
{
  public:
     virtual ~A()
     {
        cout<<"A::~A() Called.\n";
     }
};
class B : public A
{
  public:
     B(int i)
     {
        buf=new char[i];
     }

     virtual ~B()
     {
        delete[] buf;
        cout<<"B::~B() Called.\n";
     }
  private:
     char *buf;
};
void fun(A *a)
{
   delete a;
}
void main()
{
   A *a=new B(15);
   fun(a);
}
```

实训操作

一、实训目的

本实训是为了完成对单元七的能力整合而制定的。根据类的继承性与多态性的概念，培养独立完成编写三大结构的能力。

二、实训内容

要求完成如下程序设计题目。

1. 用单继承和多继承实现一个超人项目

（1）Menu.h，如图7-7所示。

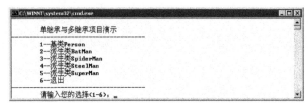

图7-7　项目调试结果

（2）Person.h，如图7-8所示。

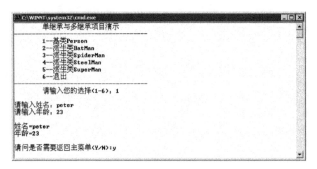

图7-8　项目调试结果

（3）BatMan.h，如图7-9所示。

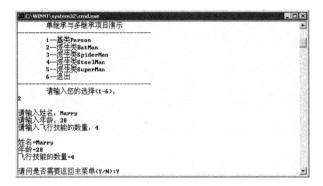

图7-9　项目调试结果

（4）SpiderMan.h，如图 7-10 所示。

图 7-10   项目调试结果

（5）SteelMan.h，如图 7-11 所示。

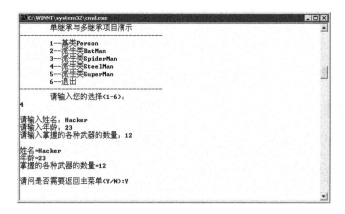

图 7-11   项目调试结果

（6）SuperMan.h，如图 7-12 所示。

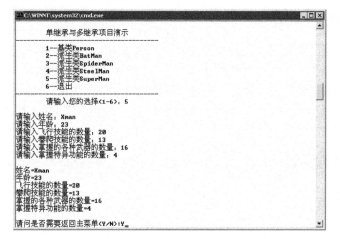

图 7-12   项目调试结果

（7）主函数中要调用显示的效果如图 7-13 所示。

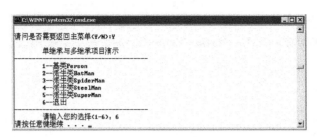

图 7-13　项目调试结果

2. 用友元函数和运算符重载实现两个时间相加

（1）提示：类内定义或类内说明、类外定义。

（2）调试结果如图 7-14 所示。

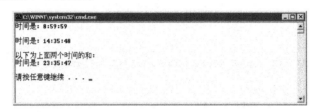

图 7-14　项目调试结果

三、实训要求

根据所学的知识，综合单元七的内容，编写程序并调试。

（1）编写出解决上述问题的程序。

（2）根据程序运行的结果分析程序的正确性。

四、程序代码

（略，要求学生独立完成）

小　结

本单元首先介绍了类的继承与单继承中成员函数的用法，单继承中构造函数与析构函数的用法，然后重点讲解了在多继承中使用成员函数，多继承中构造函数与析构函数的用法。

C++中的面向对象程序大部分都是由各式各样的基类和派生类构成的，通过对一道题目使用各种不同的继承性和多态性来编写，从而教会学生举一反三，并能拓展编程思路，建议学习时以自我上机实训为宜。

技能巩固

一、基础训练

1. 以下程序的执行结果为（　　　）。

```cpp
#include <iostream.h>
class base
{
```

```
public:
  void who(){cout<<"base class"<<endl;}
};
class derive1:public base
{
public:
  void who(){cout<<"derive1 class"<<endl;}
};
class derive2:public base
{
public:
  void who(){cout<<"derive2 class"<<endl;}
};
void main()
{
  base obj1,*p;
  derive1 obj2;
  derive2 obj3;
  p=&obj1;
  p->who();
  p=&obj2;
  p->who();
  p=&obj3;
  p->who();
  obj2.who();
  obj3.who();
}
```

A.	B.	C.	D.
base class	base class	base class	代码运行出现错误
base class	derive1 class	base class	
base class	derive2 class	base class	
derive1 class	derive1 class	base class	
derive2 class	derive2 class	base class	

2. 关于纯虚函数和抽象类的描述中，（　　　）是错误的。

 A. 纯虚函数是一种特殊的虚函数，它没有具体的实现

 B. 抽象类是指具有纯虚函数的类

 C. 一个基类中说明有纯虚函数，该基类的派生类一定不再是抽象类

 D. 抽象类只能作为基类来使用，其纯虚函数的实现由派生类给出

3. 关于动态绑定的下列描述中，（　　　）是错误的。（选择两项）

 A. 虚函数是动态绑定执行的

 B. 动态绑定是在运行时确定所调用的函数代码

 C. 动态绑定调用函数操作是根据指向对象的指针或对象引用来判断的

 D. 动态绑定是在编译时确定操作函数的

4. 在 C++中，关于下列设置参数默认值的描述中，正确的是（　　　）。

 A. 不允许设置参数的默认值

B. 设置参数默认值只能在定义函数时设置

C. 在函数声明中,一旦给形参列表中的一个参数赋了默认值,后续所有参数也都必须有默认值

D. 设置参数默认值时,应该全部参数都设置

5. 下列关于函数重载的描述,(　　　)是正确的。(选择两项)

A. 函数重载定义了一组名称相同的函数,使用的参数列表相同

B. 函数重载定义了一组名称相同的函数,使用的参数列表不同

C. 同一类中的同名函数可以构成函数重载。

D. 子类函数和父类函数同名,参数列表不同,不能构成函数重载

6. 在 C++中,下列带默认参数的函数的声明,(　　　)是正确的。(选择两项)

A. void func(int=l,int=3,char = 'a');

B. void func(int num1,int num = 2,char ch = 'b');

C. void func(int num1 = 2,int num2,int ch = 'c');

D. void func(int nunl = 2,int num2 = 5,cbar ch);

7. 以下程序的输出结果是(　　　)。

```cpp
#include<iostream.h>
class  X
{
public:
  virtual void func()
  {
     cout<<"Base function \n";
  }
};
class  X1:public  X
{
public:
  virtual void func()
  {
     cout<<"Derived function \n";
  }
};
class X2:public X
{
};
void main()
{
  X *P,b;
  X1 d1;
  X2 d2;
  P=&b;
  P->func();
  P=&d1;
  P->func();
  P=&d2;
  P->func();
}
```

A. Base function　　　　Derived function　　　　Derived function

B. Base function　　　　Derived function　　　　Base function

C. Base function　　　　Base function　　　　Derived function

D. Derived function　　　Base function　　　　Derived function

8. 下列关于虚函数的描述，（　　　　）是正确的。（选择两项）

　　A. 虚函数实现运行时多态

　　B. 虚函数只能在基类中实现，而不能在派生类中实现

　　C. 虚函数需要在基类中声明

　　D. 虚函数只能在派生类中声明

9. 在 C++ 中一个成员函数在运行时才被决定是否被调用称为（　　　　），一个成员函数在编译时就可以决定是否被调用称为（　　　　）。（选两项）

　　A. 动态绑定　　　　B. 静态绑定　　　　C. 稀松绑定　　　　D. 成对绑定

10. 在 C++ 中，当程序员通过基类指针删除一个派生类对象时，需要一个（　　　　）。

　　A. 虚构造器　　　　B. 纯虚函数　　　　C. 虚析构函数　　　　D. 成员函数

11. 在 C++ 中，在使用公共基类的多重继承中，访问公共基类的成员时会出现访问的多义性，（　　　　）可以避免出现的多义性。（选两项）

　　A. 通过派生类的对象和点运算符（.）访问

　　B. 通过作用域运算符（∷）访问

　　C. 通过派生类的对象指针和箭头运算符（->）访问

　　D. 通过虚基类来实现继承

12. 在 C++ 中，基类的几个派生类中的成员函数和基类中函数同名且重新定义，想通过基类的对象指针来调用不同派生类的成员函数时，下列（　　　　）操作可以完成。

　　A. 将基类的对象指针指向派生类对象的地址

　　B. 直接通过调用基类的成员函数

　　C. 将成员函数定义为虚函数，再将基类的对象指针指向派生类对象的地址

　　D. 将成员函数定义为虚函数，再将派生类的对象指针指向基类对象的地址

13. 以下程序的输出结果是（　　　　）。

```cpp
#include <iostream.h>
class disp
{ public:
    void show(float f)
    {
        cout<<f;
    }
};
class derive:public disp
{ public:
    void show(int f)
    { cout<<f;
    }
};
void main()
{ derive d;
```

```
    d.show(10.11);
}
```

A. 10.11
B. 10

C. 程序有错误，不能执行
D. 10.1110

14. 以下程序的输出结果是（　　　）。

```
#include <iostream.h>
class disp
{
    public:
        void show(float f)
        {
            cout<<f;
        }
};
class derive:public disp
{
    private:
        void show(int f)
        {
            cout<<f;
        }
};
void main()
{
    derive d;
    d.show(10.11);
}
```

A. 10.11
B. 10

C. 程序有错误，不能执行
D. 10.1110

15. 说明类中虚成员函数的关键字是（　　　）。

A. public
B. private
C. virtual
D. inline

16. 关于虚函数的描述中，（　　　）是正确的。

A. 虚函数是一个 static 类型的成员函数

B. 虚函数是一个非成员函数

C. 基类中说明了虚函数后，派生类中其对应的函数可不必说明为虚函数

D. 派生类的虚函数与基类的虚函数具有不同的参数个数和类型

17. 动态联编要求类中应有（　　　）。

A. 成员函数
B. 内联函数
C. 虚函数
D. 构造函数

18. 如果一个类至少有一个纯虚函数，那么该类就称为（　　　）。

A. 抽象类
B. 虚基类
C. 派生类
D. 以上都不对

19. 下面对派生类的描述中，错误的是（　　　）。

A. 一个派生类可以作为另外一个派生类的基类

B. 派生类至少有一个基类

C. 派生类的成员除了它自己的成员外，还包含了它的基类的成员

D. 派生类中继承的基类成员的访问权限到派生类中保持不变

20. 下面叙述不正确的是（　　　）。

    A. 基类的保护成员在派生类仍然是保护的

    B. 基类的保护成员在公有派生类中仍然是保护的

    C. 基类的保护成员在私有派生类中仍然是私有的

    D. 对基类成员的访问必须是无二义性的

21. 设置虚基类的目的是（　　　）。

    A. 简化程序　　　　B. 消除二义性　　　　C. 提高运行效率　　　D. 减少目标代码

22. 若派生类的成员函数不能直接访问基类中继承来的某个成员，则该成员一定是基类中的（　　　）。

    A. 私有成员　　　　B. 公有成员　　　　C. 保护成员　　　　D. 保护成员或私有成员

23. 继承具有（　　　），即当基类本身也是某一个类的派生类时，底层的派生类也会自动继承间接基类的成员。

    A. 规律性　　　　B. 传递性　　　　C. 重复性　　　　D. 多样性

24. 在 C++ 中，用于实现运行时多态性的是（　　　）

    A. 内联函数　　　　B. 重载函数　　　　C. 模板函数　　　　D. 虚函数

25. 下列描述中，（　　　）是抽象类的特征。

    A. 可以说明虚函数　　　　　　　　　B. 可以进行构造函数重载

    C. 可以定义友元函数　　　　　　　　D. 不能定义其对象

26. 抽象类应含有（　　　）。

    A. 至多一个虚函数　　　　　　　　　B. 至少一个虚函数

    C. 至多一个纯虚函数　　　　　　　　D. 至少一个纯虚函数

27. 当一个类的某个函数被说明为 virtual 时，该函数在该类的所有派生类中（　　　）。

    A. 都是虚函数　　　　　　　　　　　B. 只有被重新说明时才是虚函数

    C. 只有被重新说明为 virtual 时才是虚函数　D. 都不是虚函数

28. 以下基类中的成员函数，表示纯虚函数的是（　　　）。

    A. virtual void vf(int);　　　　　　　B. void vf(int)=0;

    C. virtual void vf()=0;　　　　　　　D. virtual void vf(int){}

29. （　　　）是一个在基类中说明的虚函数，它在该基类中没有定义，但要求任何派生类都必须定义自己的版本。

    A. 虚析构函数　　　　　　　　　　　B. 虚构造函数

    C. 纯虚函数　　　　　　　　　　　　D. 静态成员函数

30. C++ 基类中的 private 成员通过（　　　）类型的继承，可以被派生类访问。

    A. public

    B. protected

    C. private

    D. 任何类型的继承都不能使得派生类可以访问基类的 private 成员

二、项目实战

1. 项目描述

本项目是为了完成对单元七中的架构程序的能力整合而制定的。根据面向对象编程的方法，培养独立完成编写面向对象程序的初步能力。

内容：完成如下程序设计题目，用友元函数实现三角形类。

（1）设计一个如下的三角形类 Triangle。

● 私有数据成员包括：三角形三条边长 a、b、c。

● 公共成员函数包括：

构造函数：Triangle（double a=1,double b=1,double c=1）。

获取面积的函数：double GetArea()。

● 该类的友元函数包括：

求两个三角形对象面积之和的函数：double operator+(Triangle t1,Triangle t2)。

求三角形对象和已知面积的函数：double operator+(double d,Triangle t)。

（2）主函数要求如下：

● 要求定义一个三角形类指针数组，长度为 100（即最多可输入 100 个三角形）。

● 输入一个三角形的 3 条边长，并提示是否继续输入。

● 在三角形的构造函数中若发现 3 条边长不符合"任意 2 边大于第 3 边"，则无法构造成一个三角形对象，要求抛出异常，并重新输入；若符合构成三角形的条件，则用 new 实例化一个对象并用三角形类指针数组中的指针指向它。

● 利用三角形类的成员函数或友元函数求出之前输入的任意多个三角形的面积之和。

程序运行结果如图 7-15 所示。

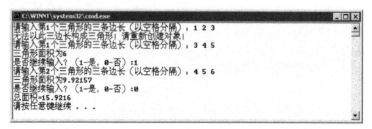

图 7-15　项目调试结果

（3）注意事项

● 注意在代码中添加必要的注释。

● 注意代码的书写、命名符合规范。

● 要考虑相应的异常处理。

● 建议分步骤调试成功，功能菜单可以依次制作。

2. 项目要求

根据所学的知识，综合单元七的内容，编写程序并调试。

（1）编写出解决上述问题的程序。

（2）根据程序运行的结果分析程序的正确性。

3. 项目评价

项目实训评价表

内　容			评　价		
—	学 习 目 标	评 价 项 目	3	2	1
职业能力	了解单继承的基本用法	能知道类的继承与单继承中成员函数的用法			
		能知道在多继承中使用成员函数			
	掌握多继承程序的基本编写方法	能灵活使用多继承中构造函数与析构函数			
		能灵活使用 cin 对象输入各类数据			
通用能力	阅读能力				
	设计能力				
	调试能力				
	沟通能力				
	相互合作能力				
	解决问题能力				
	自主学习能力				
	创新能力				
综合评价					

评价等级说明表

等　级	说　明
3	能高质、高效地完成此学习目标的全部内容，并能解决遇到的特殊问题
2	能高质、高效地完成此学习目标的全部内容
1	能圆满完成此学习目标的全部内容，不需要任何帮助和指导

单元七　类的继承性与多态性

单元八

→ 输入/输出流

软件公司新招聘的程序员，经过小刘在前一阶段的培训，对 C++的封装、多态与继承已比较熟悉，但对客户要求的用 C++的输入/输出流来处理文件的输入与输出还比较陌生。因此，软件公司安排软件开发部的小刘对这些程序员进行培训。要求他们掌握 C++中的输入/输出流。小刘表示要保质保量完成领导布置的工作。

学习目标：

- 了解 I/O 标准流类中的预定义流和流类库。
- 掌握格式化 I/O（包括枚举常量、ios 成员函数、I/O 操作符）。
- 掌握编写文件的打开与关闭及文件的读/写程序。
- 了解字符串流及 istrstream 和 ostrstream 类的构造函数。

输入/输出流

项目一　输入/输出流中的常用函数

项目描述

软件公司新招聘的程序员对 VB 编程语言中的输入/输出操作非常熟悉，但对 C++中的输入/输出操作不是很清楚。这些程序员要求学习用 C++的输入/输出流中的常用函数来编写程序。软件公司要求开发部的小刘负责此项工作。

项目分析

小刘接到项目后，先设计了名种输入/输出类图，再从算法的需要来训练程序员如何选择合适的输入/输出函数，考虑到是熟悉常用函数，所以选择了比较简单的算法。

项目实施

1. C++输入/输出流类库 iostream.h 头文件具体说明（见表 8-1）

表 8-1　输入/输出流类库 iostream.h 头文件具体说明

类　名	说　明	包含文件
ios	流基类	
istream	通用输入流类	
istream_withassign	cin 的输入流类	
ostream	通用输出流类	iostream.h
ostream_withassign	cout、cerr、clog 的输出流类	
iostream	通用输入/输出流类	

类　　名	说　　明	包含文件
ifstream	输入文件流类	
ofstream	输出文件流类	fstream.h
fstream	输入/输出文件流类	
istrstream	输入字符串流类	
ostrstream	输出字符串流类	strstream.h
strstream	输入/输出字符串流类	

2．C++输入/输出流类库 iostream.h 头文件简要图例（见图 8-1）

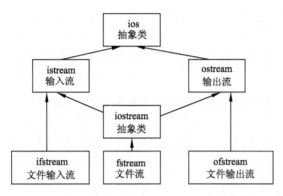

图 8-1　C++输入/输出流类库 iostream.h 头文件简要图例

3．C++输入/输出流类库 iostream.h 头文件详细图例（见图 8-2）

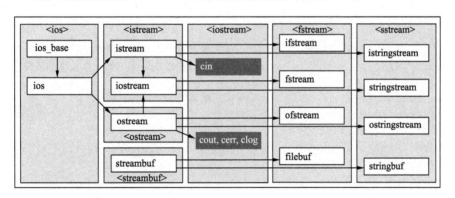

图 8-2　C++输入/输出流类库 iostream.h 头文件详细图例

4．cout 中常用的函数

（1）cout.width() 设输出宽度，自动右对齐，前面补空格，小数保留 5 位,宽度不够, 按实际宽度输出。

（2）cout.setf(ios::left)：设置输出格式为左对齐。

（3）cout.fill('*')：设置填充符为星号。

（4）cout.precision(3)：设置小数输出的位数（包括小数点）。

（5）cout.setf(ios::showpos)：设置输出格式为显示正负号。

单元八　输入／输出流

（6）cout.unsetf(ios::showpoint)：取消设置。

（7）setiosflags(ios::showbase | ios::uppercase)：设置输出按大写并且显示进制前缀。

（8）resetiosflags(ios::showbase | ios::uppercase)：取消设置输出按大写并且显示进制前缀。

（9）cout << dec << oct << hex：十、八、十六进制。

5. 头文件"iomanip.h"中的函数

（1）setw(总宽度)：包括符号位、整数、小数点、小数。

（2）setprecision(包括小数点的小数的宽度)：宽度不够四舍五入。

6. 告知程序员该项目调试的结果（见图8-3）

图 8-3 项目调试结果

7. 要求程序员按照以下的程序架构及注释来编辑源代码

```cpp
// chap08_lx01_io_example.cpp : 定义控制台应用程序的入口点
#include "stdafx.h"
#include "iostream"
#include "iomanip"
using namespace std;
void main()
{
    int x=123;
    double y=3.123878;
    cout<<"x=";
    cout.width(2);              //设置输出下一个数据的域宽
    cout<<x;                    //按默认的右对齐输出，剩余位置填充空格字符
    cout<<"y=";
    cout.width(2);              //设置输出下一个数据的域宽
    cout<<y<<endl;
    cout.setf(ios::left);       //设置按左对齐输出
    cout<<"x=";
    cout.width(10);
    cout<<x;
    cout<<"y=";
    cout.width(10);
    cout<<y<<endl;
    cout.fill('*');             //设置填充字符为'*'
    cout.precision(3);          //设置浮点数输出精度
    cout.setf(ios::showpos);    //设置正数的正号输出
    cout<<"x=";
    cout.width(10);
    cout<<x;
    cout<<"y=";
    cout.width(10);
    cout<<y<<endl;
```

```
    cout<<setw(10)<<x;
    cout<<setw(10)<<setprecision(6)<<y<<endl;
}
```

项目二 输入/输出流对象

项目描述

软件公司新招聘的程序员对 VB 编程语言中的输入/输出操作非常熟悉，但对 C++中的输入/输出流对象不是很清楚。这些程序员要求学习用 C++的输入/输出流对象来编写程序。软件公司要求开发部的小刘负责此项工作。

项目分析

小刘接到项目后，先让程序员了解常用的输入/输出流对象，再从算法的需要来训练程序员如何选择合适的输入/输出流对象，考虑到是熟悉对象，所以选择了比较简单的算法。

项目实施

1. 常用输入/输出流对象

（1）输入流对象：cin。

（2）输出流对象：cout (正常输出)。

（3）cerr：错误输出，无重定向，无缓冲。

（4）clog：错误输出，无重定向，有缓冲

2. 告知程序员该项目调试的结果（见图 8-4）

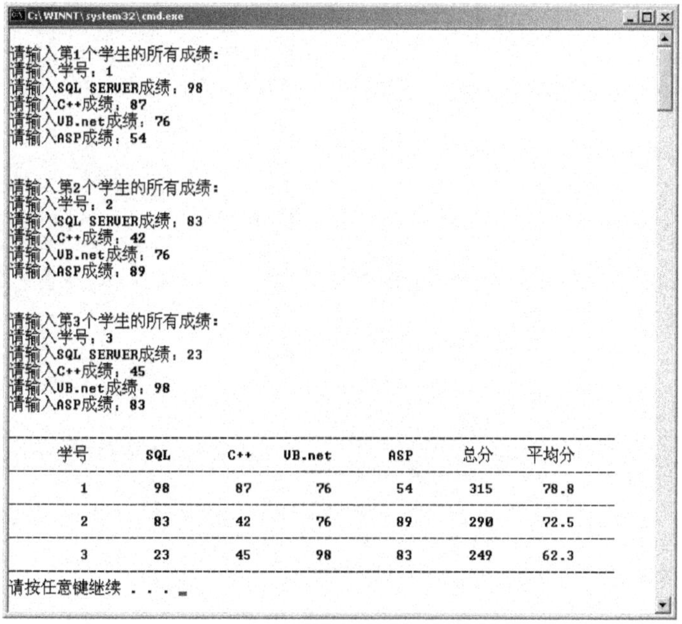

图 8-4　项目调试结果

3. 要求程序员按照以下的程序架构及注释来编辑源代码

```cpp
// chap08_lx02_couse_output.cpp : 定义控制台应用程序的入口点
#include "stdafx.h"
#include "iostream"
#include "string"
#include "iomanip"
#include "exception"
using namespace std;
class Course
{ private:
    string s_id;                //学号
    double sql_score;           //sqlserver成绩
    double c_score;             //C++成绩
    double vb_score;            //VB.net成绩
    double asp_score;           //ASP成绩
    double total_score;         //总成绩
    double avg_score;           //平均分
  public:
    void input(int n)
    {   cout<<"\n请输入第"<<n+1<<"个学生的所有成绩:"<<endl;
        cout<<"请输入学号: ";
        cin>>s_id;
        cout<<"请输入SQL SERVER成绩: ";
        cin>>sql_score;
        cout<<"请输入C++成绩: ";
        cin>>c_score;
        cout<<"请输入VB.net成绩: ";
        cin>>vb_score;
        cout<<"请输入ASP成绩: ";
        cin>>asp_score;
        cout<<endl;
    }
    void judge()
    {   if( (sql_score<0||sql_score>100)||(c_score<0||c_score>100)||
            (vb_score<0||vb_score>100)||(asp_score<0||asp_score>100)  )
        {
            exception ex1("每门课成绩都必须在0~100分之间,请重新输入!!!");
            throw ex1;
        }
    }
    void calc()
    {   total_score=sql_score+c_score+vb_score+asp_score;
        avg_score=total_score/4;
    }
    void outHead()
    {   string str(75,'-');        //分隔符
        cout<<str << endl;
        cout<<setw(10)<<"学号"
            <<setw(10)<<"SQL"
            <<setw(10)<<"C++"
```

```cpp
                    <<setw(10)<<"VB.net"
                    <<setw(10)<<"ASP"
                    <<setw(10)<<"总分"
                    <<setw(10)<<"平均分"<<endl;
            cout<<str << endl;
        }
        void outContent()
        {   cout<<setw(10)<<s_id
                    <<setw(10)<<setprecision(3)<<sql_score
                    <<setw(10)<<setprecision(3)<<c_score
                    <<setw(10)<<setprecision(3)<<vb_score
                    <<setw(10)<<setprecision(3)<<asp_score
                    <<setw(10)<<setprecision(3)<<total_score
                    <<setw(10)<<setprecision(3)<<avg_score<<endl;
            string str(75,'-');        //分隔符
            cout<<str<<endl;
        }
};
void main()
{Course c[3],obj;
    correct:
    {
        for(int i=0;i<3;i++)
        {
            try
            {
                c[i].input(i);
                c[i].judge();
                c[i].calc();
            }
            catch(exception ex)
            {
                cerr<<"异常消息为:"<<ex.what()<<endl;
                goto correct;
            }
        }
    }
    obj.outHead();
    for(int i=0;i<3;i++)
    {
        c[i].outContent();
    }
}
```

项目三　文本文件写入操作

项目描述

软件公司新招聘的程序员对 C++的输入/输出流中的常用函数及对象有了一定了解，但对

C++中的文本文件写入操作不是很清楚。这些程序员要求学习 C++的文本文件写入操作。软件公司要求开发部的小刘负责此项工作。

项目分析

小刘接到项目后，先设计了文本文件写入操作的模板，再从算法的需要来训练程序员如何进行文本文件的写入操作，考虑到是熟悉文本文件写入操作，所以选择了比较简单的算法。

项目实施

1. 架构文本文件写入的模板

```
#include "fstream"
ofstream 文件输出流对象("文件名",ios::out)
if(!文件输出流对象)
{
    cerr<<"该文件无法打开"<<endl;
    exit(1);
}
文件输出流对象<<变量;              //自右向左
文件输出流对象.close();
```

2. 要求程序员按照以下的程序架构及注释来编辑源代码

```
class FileOperation
{   private:
    public:
        void writeText(char *fname,Employee emp[],int n)
        {   ofstream ofile(fname,ios::out);
            if(!ofile)
            {
                cerr<<fname<<"文件不存在!!!"<<endl;
                exit(1);
            }
            ofile<<"\n\t\t员工信息表:"<<endl;
            ofile<<setw(12)<<"-----------------------------"<<endl;
            ofile<<setw(12)<<"编号"<<setw(12)<<"姓名"<<setw(12)
             << "基本工资"<<endl;
            ofile<<setw(12) << "----------------------------" << endl;
            for(int i=0;i<n;i++)
            {
                ofile<<setw(12)<< emp[i].putID()<< setw(12)<< emp[i].putName()
                    <<setw(12)<<emp[i].putBasic()<<endl;
                ofile<<setw(12)  <<"--------------------------"<<endl;
            }
        }
        void readText(char *fname)
        {
            ifstream ifile(fname,ios::in|ios::_Nocreate);
            if(!ifile)
            {
                cerr<<fname<<"文件不存在!!!"<<endl;
```

```
                exit(1);
            }
            while(ifile.get(ch))
            {
                cout<<ch;
            }
            //4.关闭文件
            ifile.close();
        }
};
```

3. 告知程序员该项目调试的结果（见图 8-5、图 8-6）（在 D:\产生两个文件）

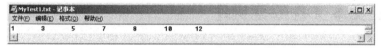

图 8-5　项目调试结果

图 8-6　项目调试结果

4. 要求程序员按照以下的程序架构及注释来编辑源代码

```
// chap08_1x03_文件操作自定义函数_ofstream.cpp ：定义控制台应用程序的入口点
#include "stdafx.h"
#include "iostream"
#include "fstream"
#include "stdlib.h"
#include "string"
using namespace std;
class FileOperation
{
    private:
        int i;
    public:
        void writeTextFile(char *fname,int arr[],int n)
        {
            //1.为文件输出流新建对象,存放文件名
            ofstream ofile(fname,ios::out);
            //2.判断文件打开是否有错误
            if(!ofile)
            {
                cerr<<fname<<"无法打开!!!"<<endl;
                exit(1);
            }
            //3.将相关的数据写入该文件
            for(i=0;i<n;i++)
            {
                ofile<<arr[i]<<"\t";
            }
            //4.关闭文件
```

```
            ofile.close();
        }
};
void main()
{
    int num1[7]={1,3,5,7,8,10,12};
    FileOperation fo;
    fo.writeTextFile("d:\\MyTest1.txt",num1,7);
    int num2[]={4,6,9,11};
    fo.writeTextFile("d:\\MyTest2.txt",num2,4);
}
```

项目四　文本文件的读操作

项目描述

　　软件公司新招聘的程序员对 C++的输入/输出流中的常用函数及对象有了一定了解，但对 C++中的文本文件读入操作不是很清楚。这些程序员要求学习 C++的文本文件读入操作。软件公司要求开发部的小刘负责此项工作。

项目分析

　　小刘接到项目后，先设计了文本文件读入操作的模板，再从算法的需要来训练程序员如何进行文本文件的读入操作，考虑到是熟悉文本文件写入操作，所以选择了比较简单的算法。

项目实施

1. 架构文本文件读入的模板

```
#include "fstream"
ifstream 文件输入流对象("文件名",ios::in|ios::_Nocreate)
if(!文件输入流对象)
{  cerr<<"该文件无法打开"<<endl;
   exit(1);
}
while(文件输入流对象>>变量)    //自左向右
{  cout<<变量;
}
或者:
while(文件输入流对象.get(字符变量))
{  cout<<字符变量;
}
文件输入流对象.close();
```

2. 告知程序员该项目调试的结果（见图 8-7），将 D 盘的 MyTest1.txt、MyTest2.txt 两个文件读出到控制台显示

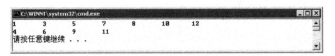

图 8-7　项目调试结果

3. 要求程序员按照以下的程序架构及注释来编辑源代码

```cpp
// chap08_1x04_文件操作自定义函数_读出文件.cpp : 定义控制台应用程序的入口点
#include "stdafx.h"
#include "iostream"
#include "fstream"
#include "stdlib.h"
#include "string"
using namespace std;
class FileOperation
{
    private:
        int i;
    public:
        //写入文本文件
        void writeTextFile(char *fname,int arr[],int n)
        {   //1.为文件输出流新建对象,存放文件名
            ofstream ofile(fname,ios::out);
            //2.判断文件打开是否有错误
            if(!ofile)
            {   cerr<<fname<<"无法打开!!!"<<endl;
                exit(1);
            }
            //3.将相关的数据写入该文件
            for(i=0;i<n;i++)
            {   ofile<<arr[i]<<"\t";
            }
            //4.关闭文件
            ofile.close();
        }
        //从文本文件读出
        void readTextFile(char *fname)
        {   //1.为文件输入流新建对象,存放文件名（如果文件不存在则打开失败）
            ifstream ifile(fname,ios::in|ios::_Nocreate);
            //2.判断文件打开是否有错误
            if(!ifile)
            {
                cerr<<fname<<"无法打开!!!"<<endl;
                exit(1);
            }
            //3.将相关的数据从文件读出,并显示在控制台
            int x;
            while( ifile>>x)
            {
                cout<<x<<"\t";
            }
            cout<<"\n";
            //4.关闭文件
            ifile.close();
        }
};
```

```
void main()
{int num1[7]={1,3,5,7,8,10,12};
    FileOperation fo;
    fo.writeTextFile("d:\\MyTest1.txt",num1,7);
    fo.readTextFile("d:\\MyTest1.txt");
    int num2[]={4,6,9,11};
    fo.writeTextFile("d:\\MyTest2.txt",num2,4);
    fo.readTextFile("d:\\MyTest2.txt");
}
```

相关知识与技能

一、输入/输出流的基本概念、流类库的基本结构以及常用的类

（1）I/O 流类库是一个提供输入/输出功能的、面向对象的类库。流是对输入/输出的一个抽象表述，程序通过从流中提取字符和向流中插入字符来实现输入和输出。一般来说，流是与实际的字符源或目标相关的，例如，磁盘文件、键盘或显示器，所以对流进行的提取或插入操作实际上就是对物理设备的操作。

（2）标准输入/输出流对象是连接程序与标准输入/输出设备的。常用的标准输出流有 cout、cerr 和 clog，标准输入流有 cin。标准流对象都是在<iostream>中预先声明好的。除了标准输入/输出流以外，使用其他的流之前都要首先声明流对象，因此对于 I/O 流类库的结构需要十分清楚。

（3）C++中把数据之间的传输操作称作流。在 C++中，流既可以表示数据从内存传送到某个载体或设备中，即输出流；也可以表示数据从某个载体或设备传送到内存缓冲区变量中，即输入流。在进行 I/O 操作时，首先打开操作，使流和文件发生联系，建立联系后的文件才允许数据流入或流出，输入或输出结束后，使用关闭操作使文件与流断开联系。

（4）C++中所有流都是相同的，但文件可以不同。使用流以后，程序用流统一对各种计算机设备和文件进行操作，使程序与设备、程序与文件无关，从而提高了程序设计的通用性和灵活性。

（5）cin 是 istream 的一个对象，处理标准输入。cout、cerr 和 clog 是 ostream 的对象，cout 处理标准输出，cerr 和 clog 都处理标准出错信息，只是 cerr 输出不带缓冲，clog 输出带缓冲。

二、输入/输出流类库

（1）C++语言系统为实现数据的输入和输出定义了一个庞大的类库，它包括的类主要有 ios、istream、ostream、iostream、ifstream、ofstream、fstream、istrstream、ostrstream 和 strstream 等。

（2）文件的 I/O 由 ifstream、fstream、ofstream 三个类提供。Ifstream 是 istream 的派生类，处理文件输入；ofstream 是 ostream 的派生类，处理文件输出；fstream 是 iostream 的派生类，可以同时处理文件的 I/O。使用文件 I/O 类的程序需要包含头文件 fstream.h。

三、文件的存储形式

（1）在 C++程序中使用的保存数据的文件按存储格式分为两种类型：一种为字符格式文件，简称字符文件；另一种为内部格式文件，简称字节文件。字符文件又称 ASCII 码文件或

文本文件，字节文件又称二进制文件。

（2）说明了流对象之后，可使用函数 open()打开文件。文件的打开即是在流与文件之间建立一个连接。open()的函数原型为：

```
void open(const char * filename,int mode,int prot=filebuf::openprot);
```

下面对文件的打开方式做几点说明：

- 文件的打开方式可以为上述的一个枚举常量，也可以为多个枚举常量构成的按位或表达式。
- 使用 open 成员函数打开一个文件时，若由字符指针参数所指定的文件不存在，则建立该文件。
- 当打开方式中不含有 ios::ate 或 ios::app 选项时，则文件指针被自动移到文件的开始位置，即字节地址为 0 的位置。
- 当用输入文件流对象调用 open 成员函数打开一个文件时，打开方式参数可以省略，默认按 ios::in 方式打开，若打开方式参数中不含有 ios::in 选项，则会自动被加上。

四、文件的读/写方式

（1）文件读/写方法：
- 使用流运算符直接读/写。
- 使用流成员函数读/写。

（2）常用的输出流成员函数如下：
- put()函数。
- write()函数。
- get()函数。
- read()函数。
- getline()函数。

下面对文件的读/写方式作几点说明：

- 向字符文件输出数据有两种方法：一种是调用从 ostream 流类中继承来的插入操作符重载函数；另一种是调用从 ostream 流类中继承来的 put 成员函数。
- 从打开的字符文件中输入数据到内存变量有三种方法。
- 当使用流对象调用 get()成员函数时，通过判断返回值是否等于文件结束符 EOF 可知文件中的数据是否被输入完毕。

（3）二进制文件不同于文本文件，它可用于任何类型的文件（包括文本文件），读/写二进制文件的字符不作任何转换，读/写的字符与文件之间是完全一致的。

（4）一般来说，对二进制文件的读/写可采用两种方法：一种是使用 get()和 put()；另一种是使用 read()和 write()。

（5）字符串流类包括输入字符串流类 istrstream，输出字符串流类 ostrstream 和输入/输出字符串流类 strstream 三种。它们都被定义在系统头文件 strstrea.h 中。只要在程序中带有该头文件，就可以使用任一种字符串流类定义字符串流对象。每个字符串流对象简称为字符串流。

（6）字符串流对应的访问空间是内存中由用户定义的字符数组，而文件流对应的访问空间是外存上由文件名确定的文件存储空间。

五、对类中的信息实现读/写操作

1. student.txt 文件的内容（见图 8-8）

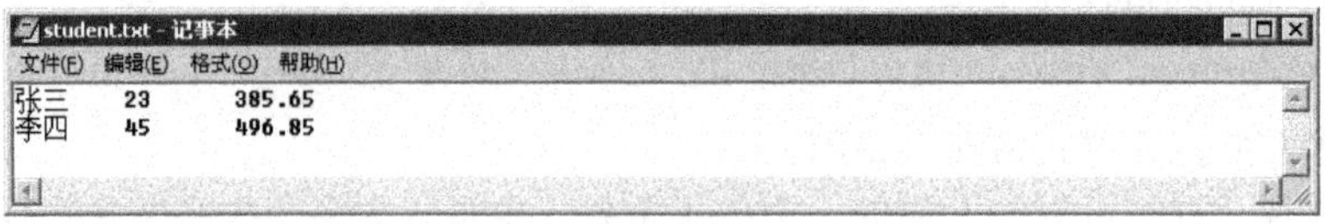

图 8-8　项目调试结果

2. student.txt 从文件中读出到控制台显示（见图 8-9）

图 8-9　项目调试结果

3. 要求程序员按照以下的程序架构及注释来编辑源代码

```cpp
// chap08_lx05_类和对象的文件读/写操作.cpp ：定义控制台应用程序的入口点
#include "stdafx.h"
#include "iostream"
#include "fstream"
#include "stdlib.h"
#include "string"
using namespace std;
class Student
{
    private:
        char *name;
        int age;
        double score;
    public:
        Student(char *n,int a,double s)
        {
            name=n;
            age=a;
            score=s;
        }
        char * putName()
        {
            return name;
        }
        int putAge()
        {
            return age;
        }
        double putScore()
        {
            return score;
        }
```

```
};
class FileOperation
{
    private:
        int i;
        char ch;
    public:
        //写入文本文件
        void writeTextFile(char *fname,Student arr[],int n)
        {
            //1.为文件输出流新建对象,存放文件名
            ofstream ofile(fname,ios::out);
            //2.判断文件打开是否有错误
            if(!ofile)
            {
                cerr<<fname<<"无法打开!!!"<<endl;
                exit(1);
            }
            //3.将相关的数据写入该文件
            for(i=0;i<n;i++)
            {
                ofile<<arr[i].putName()<<"\t"<<arr[i].putAge()<<"\t"
                    <<arr[i].putScore()<<"\n";
            }
            //4.关闭文件
            ofile.close();
        }
        //从文本文件读出
        void readTextFile(char *fname)
        {
            //1.为文件输入流新建对象,存放文件名（如果文件不存在,则打开失败）
            ifstream ifile(fname,ios::in|ios::_Nocreate);
            //2.判断文件打开是否有错误
            if(!ifile)
            {
                cerr<<fname<<"无法打开!!!"<<endl;
                exit(1);
            }
            //3.将相关的数据从文件读出,并显示在控制台
            while(ifile.get(ch)) //从文件 ifile 中读出一个字符,判断是否到末尾,
                                 //不在末尾将字符赋值给 ch,然后输出 ch
            {
                cout<<ch;
            }
            //4.关闭文件
            ifile.close();
        }
};
void main()
{
```

单元八 输入／输出流

259

```
Student sobj[2]={
    Student("张三",23,385.65),
    Student("李四",45,496.85)
};
FileOperation fo;
fo.writeTextFile("d:\\student.txt",sobj,2);
fo.readTextFile("d:\\student.txt");
}
```

六、常用函数

1. 文本文件

（1）输入：get()或 getline()。

（2）输出：put()。

（3）打开：open()。

（4）关闭：close()。

2. 二进制文件

（1）输入：read()。

（2）输出：write()。

（3）打开：open()。

（4）关闭：close()。

拓展与提高

一、用二进制方式读/写文件

1. 模板

（1）二进制文件写入：

```
#include "fstream"
fstream 文件输出流对象("文件名",ios::out|ios::binary)
if(!文件输出流对象)
{
    cerr<<"该文件无法打开"<<endl;
    exit(1);
}
文件输出流对象.write( (char *)&数组元素[下标],sizeof(数组元素[下标]))
文件输出流对象.close();
```

（2）二进制文件读出：

```
#include "fstream"
fstream 文件输入流对象("文件名",ios::in|ios::binary)
if(!文件输入流对象)
{
    cerr<<"该文件无法打开"<<endl;
    exit(1);
```

```
}
文件输出流对象.read( (char *)&数组元素[下标],sizeof(数组元素[下标]))
文件输入流对象.close();
```

2. **要求程序员按照以下的程序架构及注释来编辑源代码**

```cpp
class FileOperation
{
  private:
  public:
    void writeBinary(char *fname,Employee emp[],int n)
    {
      fstream file(fname,ios::out|ios::binary);
      if(!file)
      {
        cerr<<fname<<"文件不存在!!!"<<endl;
        exit(1);
      }
      for(int i=0;i<n;i++)
      {
        file.write((char *)&emp[i],sizeof(emp[i]));
      }
    }
    void readBinary(char *fname,Employee emp[],int n)
    {
      fstream file(fname,ios::in|ios::binary);
      if(!file)
      {
        cerr<<fname<<"文件不存在!!!"<<endl;
        exit(1);
      }
      cout<<"\n\t\t员工信息表:" <<endl;
      cout<<setw(12)<<"-----------------------------------"<<endl;
      cout<<setw(12)<<"编号"<<setw(12)<<"姓名"<<setw(12)<<"基本工资"
        <<endl;
      cout<<setw(12) << "------------------------------" << endl;
      for(int i=0;i<n;i++)
      {
        file.read((char*)&emp[i],sizeof(emp[i]));
        cout<<setw(12)<<emp[i].putID()<<setw(12)<<emp[i].putName()
          <<setw(12)<<emp[i].putBasic()<<endl;
        cout<<setw(12)<<"----------------------------"<<endl;
      }
    }
};
```

3. 写入的二进制文件 student.dat 的内容（见图 8-10）

图 8-10　项目调试结果

4. 从二进制文件 student.dat 读出的内容（见图 8-11）

图 8-11　项目调试结果

5. **要求程序员按照以下的程序架构及注释来编辑源代码**

```cpp
// chap08_1x06_类和对象的二进制文件读写.cpp : 定义控制台应用程序的入口点
#include "stdafx.h"
#include "iostream"
#include "fstream"
#include "stdlib.h"
#include "string"
using namespace std;
class Student
{ private:
    char *name;
    int age;
    double score;
  public:
    Student(char *n,int a,double s)
    {
      name=n;
      age=a;
      score=s;
    }
    char * putName()
    {
      return name;
    }
    int putAge()
    {
      return age;
    }
    double putScore()
    {
      return score;
    }
};
class FileOperation
{
```

```
private:
    int i;
    char ch;
public:
    //写入文本文件
    void writeTextFile(char *fname,Student arr[],int n)
    {
        //1.为文件输出流新建对象,存放文件名
        ofstream ofile(fname,ios::out);
        //2.判断文件打开是否有错误
        if(!ofile)
        {
            cerr << fname<<"无法打开!!!"<<endl;
            exit(1);
        }
        //3.将相关的数据写入该文件
        for(i=0;i<n;i++)
        {
            ofile << arr[i].putName()<< "\t"<<arr[i].putAge() << "\t"
                  <<arr[i].putScore() << "\n";
        }
        //4.关闭文件
        ofile.close();
    }
    //从文本文件读出
    void readTextFile(char *fname)
    {   //1.为文件输入流新建对象,存放文件名
        ifstream ifile(fname,ios::in|ios::_Nocreate);  //如果文件不存在
                                                        //则打开失败
        //2.判断文件打开是否有错误
        if(!ifile)
        {
            cerr<<fname<<"无法打开!!!" << endl;
            exit(1);
        }
        //3.将相关的数据从文件读出,并显示在控制台
        while(ifile.get(ch)) //从文件 ifile 中读出一个字符,判断是否到末尾,
                             //不在末尾将字符赋值给 ch,然后输出 ch
        {
            cout<<ch;
        }
        //4.关闭文件
        ifile.close();
    }
    //写入二进制文件
    void writeBinaryFile(char *fname,Student arr[],int n)
    {   //1.为文件输出流新建对象,存放文件名
        fstream ofile;
        ofile.open(fname,ios::out|ios::binary);
        //2.判断文件打开是否有错误
        if(!ofile)
```

```
        {
            cerr<<fname<<"无法打开!!!"<<endl;
            abort();
        }
        //3.将相关的数据写入该文件
        for(i=0;i<n;i++)
        {
            ofile.write((char *)&arr[i],sizeof(arr[i]));
        }
        //4.关闭文件
        ofile.close();
    }
    //从二进制文件读出
    void readBinaryFile(char *fname,Student arr[],int n)
    {   //1.为文件输入流新建对象,存放文件名
        fstream ifile;
        ifile.open(fname,ios::in|ios::_Nocreate);//如果文件不存在则打开失败
        //2.判断文件打开是否有错误
        if(!ifile)
        {
            cerr<<fname<<"无法打开!!!"<<endl;
            abort();
        }
        //3.将相关的数据从文件读出,并显示在控制台
        for(i=0;i<n;i++)
        {
            ifile.read((char *)&arr[i],sizeof(Student));
            cout<<arr[i].putName()<<"\t"<<arr[i].putAge()<<"\t"
            <<arr[i].putScore()<<"\n";
        }
        //4.关闭文件
        ifile.close();
    }
};
void main()
{
    Student sobj[2]={
        Student("张三",23,385.65),
        Student("李四",45,496.85)
    };
    FileOperation fo;
    fo.writeBinaryFile("d:\\student.dat",sobj,2);
    fo.readBinaryFile("d:\\student.dat",sobj,2);
}
```

二、字符串输入/输出流

首先，包含字符串流的头文件"strstrea.h"。

其次，为字符串输入流新建对象（istrstream 字符串输入流对象名(字符数组);）。

最后，通过循环控制字符串的输入，如下所示：

```
while(ch!='结束字符')
```

```
{
    字符串输入流对象名 >> ws >> x >> ws;        //ws表示空格符
    cout << x <<' ';
    字符串输入流对象名.get(ch);
}
```

如果使用字符串输出流,可通过以下三步实现:

```
ostrstream 字符串输出流对象名(数组名,sizeof(数组名));
cin.getline(数组名,sizeof(数组名));
字符串输入流对象名.putback(ch);        //把刚读入的一个数字压回流中
```

实训操作

一、实训目的

本实训是为了完成对单元八的能力整合而制定的。根据面向对象程序设计的概念,培养独立完成编写 OOP 程序的能力。

二、实训内容

要求完成如下程序设计题目:

(1)用输入/输出格式控制来输入/输出学生成绩,如图 8-12 所示。

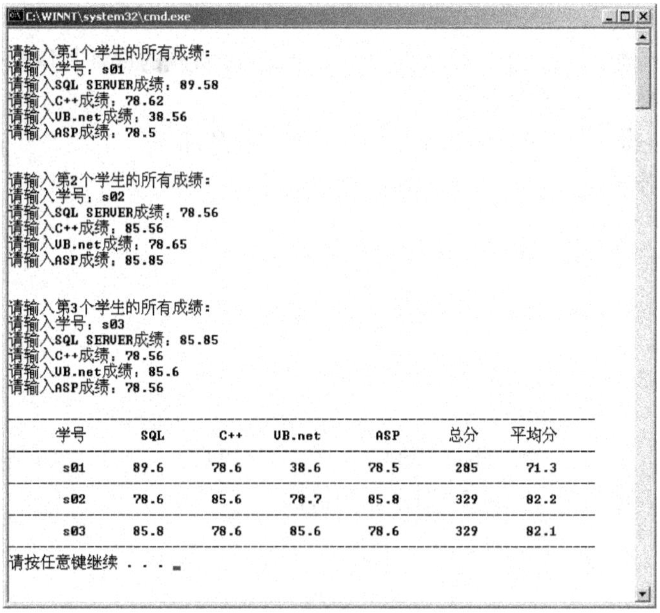

图 8-12　项目调试结果

(2)对以上程序添加异常处理。

三、实训要求

根据所学的知识,综合单元八的内容,编写程序并调试。

（2）根据程序运行的结果分析程序的正确性。

四、程序代码

（略，要求学生独立完成）

　　本单元首先介绍了输入/输出流中的常用函数以及输入/输出流对象，然后重点讲解了文本文件的读/写操作，并强调了如何对类中的信息实现读/写操作；用二进制方式读/写文件；字符串输入/输出流等。

　　C++中的程序基本上都需要输入/输出流来控制程序的输入与输出，通过对一道题目使用各种不同的输入/输出流模板来编写，从而教会学生举一反三，并能拓展编程思路，建议学习时以自我上机实训为宜。

一、基础训练

1. 以下说法正确的是（　　　）。
   A. cin 是类对象 　　　　　　　　　　B. cin 是类的成员函数
   C. cin 是函数 　　　　　　　　　　　D. cin 对应的设备是鼠标

2. 进行文件操作时，需要包含（　　　）文件。
   A. iostream.h 　　　B. fstream.h 　　　C. stdlib.h 　　　D. stdio.h

3. 以下程序若输入 abce　1234 回车，则输出（　　　）。
   ```cpp
   #include <iostream.h>
   void main()
   {
       char *str;
       cin>>str;
       cout<<str;
   }
   ```
   A. abcd 　　　　　B. abcd 1234 　　　C. 1234 　　　　D. 输出乱码或出错

4. 以下程序若输入 abcd　1234 回车，则输出（　　　）。
   ```cpp
   #include <iostream.h>
   void main()
   {
       char a[200];
       cin.getline(a,200,' ');
       cout<<a;
   }
   ```
   A. abcd 　　　　　B. abcd　1234 　　　C. 1234 　　　　D. 输出乱码或出错

5. 下列输出字符方式，错误的是（　　　）。
   A. cout<<put('A'); 　B. cout<<'A'; 　　C. cout.put('A'); 　D. char C='A';cout<<C;

6. 以下程序的执行结果是（　　　）。

```cpp
#include <iostream.h>
#include <iomanip.h>

void main()
{
  cout.fill('#');
  cout.width(10);
  cout<<setiosflags(ios::left)<<123.456;
}
```

    A. 123.456###　　　B. 123.4560000　　　C. ####123.456　　　D. 123.456

7. 当使用 ifstream 定义一个文件流，并将一个打开文件的文件与之连接时，文件默认的打开方式为（　　　）。

    A. ios::in　　　　　B. ios::out　　　　　C. ios::trunk　　　　D. ios::binary

8. 读文件最后一个字节（字符）的语句为（　　　）。

    A. myfile.seekg(1,ios::end);　　c=myfile.get();

    B. myfile.seekg(-1,ios::end);　　c=myfile.get();

    C. myfile.seekp(ios::end,0);　　c=myfile.get();

    D. myfile.seekp(ios::end,1);　　c=myfile.get();

9. 关于 getline()函数的下列描述中，（　　　）是错误的。

    A. 该函数是用来从键盘上读取字符串的

    B. 该函数读取的字符串长度是受限制的

    C. 该函数读取字符串时遇到终止符便停止

    D. 该函数中所使用终止符只能是换行符

10. 下列函数中，（　　　）是对文件进行写操作的。

    A. get()　　　　　B. read()　　　　　C. seekg()　　　　D. put()

11. 使用操作符对数据进行格式输出时，应包含（　　　）文件。

    A. iostream.h　　B. fstream.h　　　C. iomanip.h　　　D. stdlib.h

12. 控制格式输入/输出的操作符中，（　　　）是设置域宽的。

    A. ws　　　　　　B. oct　　　　　　C. setfill()　　　D. setw()

13. 在 ios 中提供控制格式的标志符中，（　　　）是转换为十六进制格式的标志位。

    A. hex　　　　　　B. oct　　　　　　C. dec　　　　　D. left

14. 程序运行的结果是（　　　）。

```cpp
#include <iostream.h>
#include <iomanip.h>
void main()
{ cout.fill('*');
  cout.width(10);
  cout<<"123.45"<<endl;
  cout.width(8);
  cout<<"1234.45"<<endl;
  cout.width(4);
  cout<<"1234.45"<<endl;}
```

A.	B.	C.	D.
****123.45	****123.45	****123.45	*****123.45
**1234.45	*1234.45	**1234.45	***1234.45
*1234.45	1234.45	*1234.45	*1234.45

二、项目实战

1. 项目描述

本项目是为了完成对单元八中的架构程序的能力整合而制定的。根据面向对象设计程序的方法，培养独立完成编写面向对象程序的初步能力。

内容：完成如下程序设计题目。

（1）编写一个程序将 data.dat 文件的内容在屏幕上显示出来并复制到 data1.dat 文件中。

提示： 新建两个文件对象，从第一个文件输入，再将内容输出到另一个文件。

操作如下：
- 编译运行程序后，屏幕显示如图 8-13 所示。
- 打开当前目录下的 data1.dat 文件，显示出的内容如图 8-14 所示。

图 8-13　项目调试结果　　　　　　　　图 8-14　项目调试结果

（2）编写一个程序删除 abc.cpp 文件中的所有以 "//" 开头的注释信息。

提示： 新建两个文件对象，从 abc.cpp 文件输入内容，再将内容中排除 "//"，输出到另一个文件。

操作如下：
- 将以下文件中的内容输入 abc.cpp 中：

```cpp
#include <iostream.h>
#include <fstream.h>
#include <stdlib.h>
void main()
{
    fstream outfile;
    outfile.open("data.dat",ios::out|ios::trunc|ios::binary);  //打开文件data.dat
    if (!outfile)                      //判断打开是否成功
    {
        cout<<"data.dat 文件不能打开" << endl;
        abort();
    }
    outfile<<"1234567890"<<endl;        //写入数据
    outfile.close();                    //关闭文件流
}
```

- 编译运行程序后，屏幕显示如图 8-15 所示。

图 8-15　项目调试结果

（3）编写一个程序统计以上输入的文件 abc.cpp 的行数。

要求编译运行程序后，屏幕显示如图 8-16 所示。

（4）编写一个程序将 abc.cpp 文件的所有行加上行号后写到 abc1.cpp 文件中。

要求编译运行程序后，屏幕显示如图 8-17 所示。

图 8-16　项目调试结果　　　　　　　图 8-17　项目调试结果

打开当前目录下的 abc1.cpp 文件，显示出的内容如图 8-18 所示。

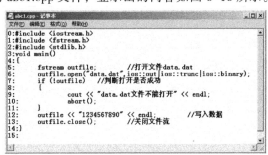

图 8-18　项目调试结果

（5）编写一程序，在二进制文件 data.dat 中写入 3 个记录，显示其内容，然后删除第 2 个记录，要显示删除记录后的文件内容。

- 提示：不能直接删除文件中的记录，而是先读入到结构数组 stud[] 中，然后再重写入到 data.dat 文件中，这时不写要删除的内容。
- 要求编译运行程序后，屏幕显示如图 8-19 所示。

（6）编写一个程序对于上题建立的 data.dat 文件按照记录号进行查询并显示。

要求编译运行程序后，屏幕显示如图 8-20 所示。

图 8-19　项目调试结果　　　　　　　图 8-20　项目调试结果

2. 项目要求

根据所学的知识，综合单元八的内容，编写程序并调试。

（1）编写出解决上述问题的程序。

（2）根据程序运行的结果分析程序的正确性。

3. 项目评价

项目实训评价表

一		内　　容		评　　价		
一		学　习　目　标	评　价　项　目	3	2	1
职业能力		了解输入/输出流的基本用法	知道输入/输出流中的常用函数的用法			
			知道如何使用输入/输出流对象			
		掌握文本文件的读/写操作	能灵活进行文本文件写入操作			
			能灵活使用文本文件的读操作			
通用能力		阅读能力				
		设计能力				
		调试能力				
		沟通能力				
		相互合作能力				
		解决问题能力				
		自主学习能力				
		创新能力				
综合评价						

评价等级说明表

等　级	说　　明
3	能高质、高效地完成此学习目标的全部内容，并能解决遇到的特殊问题
2	能高质、高效地完成此学习目标的全部内容
1	能圆满完成此学习目标的全部内容，不需要任何帮助和指导

参 考 文 献

[1] 柴欣. C/C++程序设计[M]. 保定：河北大学出版社，2002.

[2] 余苏宁，王明福. C++程序设计[M]. 北京：高等教育出版社，2003.

[3] 郑振杰. C++程序设计[M]. 北京：人民邮电出版社，2005.

[4] 吕凤翥. C++语言程序设计[M]. 2版. 北京：电子工业出版社，2007.

[5] 明日科技. C++项目开发实战入门[M]. 长春：吉林大学出版社，2016.

[6] 明日科技. C++从入门到精通[M]. 北京：水利水电出版社，2017.